新型职业农民书架·动植物小诊所

花卉病虫害
速诊快治

张绍升　　刘国坤
肖　顺　　罗　佳　　编著

海峡出版发行集团 | 福建科学技术出版社
THE STRAITS PUBLISHING & DISTRIBUTING GROUP　FUJIAN SCIENCE & TECHNOLOGY PUBLISHING HOUSE

图书在版编目（CIP）数据

花卉病虫害速诊快治 / 张绍升等编著 . —福州：
福建科学技术出版社 , 2019.6
（新型职业农民书架 . 动植物小诊所）
ISBN 978-7-5335-5814-7

Ⅰ . ①花… Ⅱ . ①张… Ⅲ . ①花卉—病虫害防治
Ⅳ . ① S436.8

中国版本图书馆 CIP 数据核字（2019）第 035475 号

书　　名	花卉病虫害速诊快治
	新型职业农民书架·动植物小诊所
编　　著	张绍升　刘国坤　肖　顺　罗　佳
出版发行	福建科学技术出版社
社　　址	福州市东水路 76 号（邮编 350001）
网　　址	www.fjstp.com
经　　销	福建新华发行（集团）有限责任公司
印　　刷	福建彩色印刷有限公司
开　　本	700 毫米 ×1000 毫米　1 / 16
印　　张	10
图　　文	160 码
版　　次	2019 年 6 月第 1 版
印　　次	2019 年 6 月第 1 次印刷
书　　号	ISBN 978-7-5335-5814-7
定　　价	38.00 元

书中如有印装质量问题，可直接向本社调换

　　我国花卉生产已经形成规模化、产业化。花卉在生长过程中会发生许多病害和虫害，降低花卉的观赏价值和经济价值，造成重大经济损失。花卉病虫害种类多，发生条件复杂，这给病虫害的准确诊断和有效防治带来很大困难。

　　花卉病虫害速诊快治有赖于对病虫害种类的准确识别和对发生规律的充分了解。在此基础上，采取科学的防治措施。作者多年来对草本花卉、木本花卉、球茎花卉和观叶花卉的病虫害进行了较系统的调查和鉴定，在病虫害诊断和防治方面积累了一些经验，此次受福建科学技术出版社之邀，将调查研究成果和拍摄的病害症状、病原形态、害虫为害状、害虫形态等照片编写成本书，以供花卉生产者和爱好者识别和防治花卉病虫害时参考使用。然而，花卉种类丰富，病虫害繁多，本书无法全部收录。不过，书中精选的病害和虫害实例包括了花卉病虫害的各种类型，读者可参考类似花卉病虫害进行对照诊断和防治。

　　因作者的经验和水平所限，书中难免有漏误之处，恳请读者批评指正。

张绍升

2018 年 10 月于福建农林大学

目

录

CONTENTS

一、 花卉病虫害诊治技巧

花卉病虫害多数具有突发性和暴发性，传播速度快，危害性大。因此，对花卉病虫害的防治提倡速诊快治。所谓速诊，就是对病害和虫害的发生要有预见性，对其发生规律要有较全面了解，抓好预测预报、早期诊断和快速诊断；所谓快治，就是根据病虫害预测预报和发生规律，抓好病虫害的预防，把病虫害控制在始发期。

（一）花卉病虫害快速诊断

正确的诊断是有效防治病虫害的前提，只有及时做出准确诊断，才能对症防控。

症状识别是病害快速诊断的重要手段，病因鉴定是确定病害性质和病害种类的重要依据。对症状难以辨别的病害，必须在实验室进行病因分析和病原鉴定。病虫害诊断技术一般包括现场诊断和实验室诊断。

现场诊断是对植物病虫害进行实地考察和分析判断，观察病虫害的发生部位、症状（为害状），病害和虫害在田间（花圃）的传播特点。

实验室诊断通常是利用光学显微镜和电子显微镜对从田间（花圃）采集的病虫害样本进行病原和害虫种类鉴定。必要时进行病原物分离培养、致病性测定，还可以采用生理生化、免疫学和分子生物学等现代检测技术；对虫害，则进行害虫饲养和生物学特性观察。

1. 花卉病害诊断

花卉病害分两大类：传染病和生理病。传染病是由菌物、细菌、病毒、线虫等病原生物引起的病害，这类病害会传染和扩散。生理病是由不良的物理或化学因素引起，例如高温强光引起日灼，低温引起冻害，化肥农药引起肥害药害等，这类病害无传染性。

（1）传染病诊断

主要诊断依据包括传染特征、症状特征和病原特征。

①传染特征：侵染性病害有传染扩散的现象，在植株群体内具有发病中心。

②症状特征：花卉生长过程中可能遭到病原物的为害，在形态上出现有别于正常植株的形态病变，这种形态病变表现的特征称为症状。症状作为诊断病害的重要依据，包括病状和病征两方面。

病状是发病花卉出现的形态病变，包括五大类型，即变色、坏死、腐烂、萎蔫和畸形。

变色：发病植株局部或全株色泽异常，表现为褪绿、黄化、花叶、斑驳、条纹、条斑等。

坏死：发病植株局部或大片组织的细胞死亡，表现为叶斑和叶枯。病斑分成黑斑、褐斑、灰斑、白斑、黄斑、环斑或轮斑。叶枯指在较短时间内叶片出现大面积组织枯死。

腐烂：指植株组织较大面积的破坏、死亡和解体，有软腐、湿腐、干腐等。

萎蔫：植株失水萎垂，主要是由于根系和茎叶维管束坏死所致，有青枯、枯萎等。

畸形：植物的细胞和组织过度增生或抑制，出现矮化、矮缩、扭曲、卷叶、肿大等。

病征是病原物在发病部位形成的菌体结构，菌物性病害的病征有霉状物、粉状物、点状物、颗粒状物等，细菌性病害的病征为菌脓。病毒病和生理病不形成外部病征。

③病原特征：各类病原物引起的病害症状特点见表1-1。

表1-1　花卉传染病症状诊断简表

病害类别	症状诊断		辅助诊断
	病　状	病　征	
菌物性病害	变色、坏死、腐烂、萎蔫、畸形	霉状物、粉状物、锈状物、粒状物、点状物、索状物等	保湿培养；病原分离培养
细菌性病害	变色、坏死、腐烂、萎蔫、畸形	菌脓、菌块	喷菌观察；病菌分离培养

续表

病害类别	症状诊断		辅助诊断
	病　状	病　征	
病毒病害	变色、坏死、畸形	无外部病征，有内部病征	鉴别寄主测定；电镜观察
线虫病害	黄化、衰退、腐烂、萎蔫、畸形	无病征，常与真菌、细菌、病毒复合侵染	线虫分离鉴定

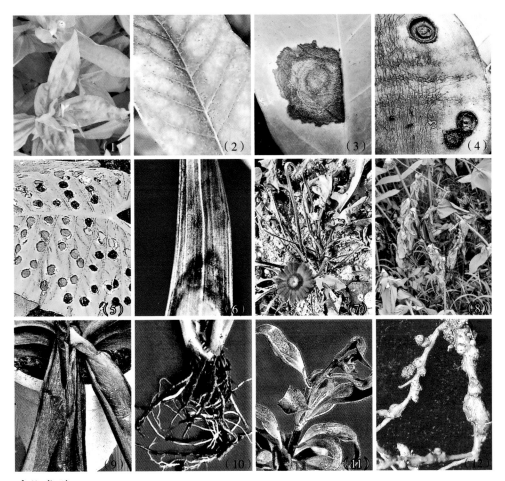

病状类型

（1）花叶；（2）黄化；（3）褐斑；（4）炭疽斑；（5）穿孔；（6）叶枯；（7）枯萎；
（8）青枯；（9）软腐；（10）烂根；（11）卷叶；（12）根结

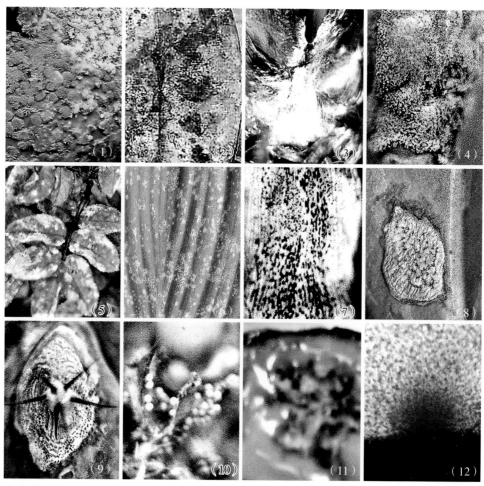

病征类型

（1）青霉；（2）黑霉；（3）白霉；（4）灰霉；（5）白粉；（6）锈菌；（7）黑点（分生孢子器）；

（8）黑点（子囊壳）；（9）黑点（分生孢子盘）；（10）菌核；（11）菌脓；（12）喷菌

（2）生理病诊断

生理病没有传染扩散的现象，仅表现出病状而无病征，也分离不到病原物。生理病通常将症状结合环境因子进行分析，也可进行模拟试验、化学分析、治疗试验和指示植物鉴定等。传染病与生理病的鉴别见表1-2。

表1-2　花卉传染病与生理病的鉴别

鉴别特征	花卉传染病	花卉生理病
病株分布	不均匀，有发病中心	均匀分布，无发病中心
症状特点	有病状，有些具病征	有病状，无病征
侵染特性	有传染性，病害能扩散	无传染性，病害不扩散
病原物	可以检测到病原物	无病原物，与理化因素相关
恢复性	病组织或病体不可复原	有些病组织或病体可能复原

2. 花卉虫害诊断

危害花卉的害虫有昆虫、螨类和软体动物（蜗牛和蛞蝓）。这些害虫对花卉造成伤害称为虫害。虫害的诊断依赖于对受害植株上害虫虫体及其取食方式、为害状（伤口、伤痕、蛀孔）的鉴别，受害部位通常有害虫的残尸残壳、粪便及分泌物。

昆虫的成虫身体分为头、胸、腹三部分，有2对翅膀和3对足。侵害花卉的昆虫种类多，主要有蚜虫、介壳虫、蓟马、蟑、甲虫、蛾类和蝶类。有些害虫以吸吮花卉茎、叶、花的液汁维生，遭为害的叶、茎和花枯焦或畸形或产生虫瘿。还有些害虫以咀嚼式口器啃食花、叶、茎，造成缺刻或蛀道。

螨类虫体微小，身体分为颚体和卵圆形的躯体两部分，有4对足。它以口针刺吸食植物茎叶汁液，使被害部位失绿、变褐或焦枯。

蜗牛和蛞蝓为软体动物。蜗牛有贝壳，蛞蝓的贝壳退化，身体裸露而柔软，它们以齿舌刮食植物叶茎，造成孔洞缺刻。

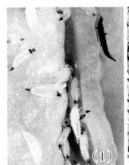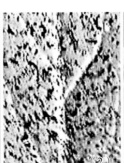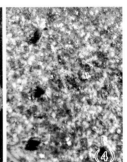

（1）　　　　　　（2）　　　　　　（3）　　　　　　（4）

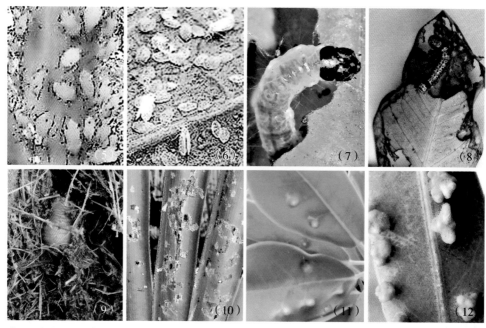

害虫种类及为害状

（1）蓟马及为害状；（2）网蝽及为害状；（3）蚧及为害状；（4）叶螨及为害状；（5）蚜虫及为害状；（6）白粉虱及为害状；（7）卷叶蛾及为害状；（8）透翅毒蛾及为害状；（9）红棕象甲及为害状；（10）棕榈蓑蛾及为害状；（11）蓟马为害形成叶片虫瘿；（12）瘿螨为害形成虫瘿

（二）花卉病虫害高效防治

花卉病虫害高效防治，应坚持"预防为主治未病，科学用药巧防治"的原则。发生病害和虫害之前，要做好健康栽培和清除菌源虫源的预防工作；在发生病虫害前期要做到科学用药、早期防治和适时防治，控制病虫害的扩散蔓延。

1. 强化生态调控

优化花卉生态环境，协调温、光、水、气、肥，培育健康花卉植株，提高抗病虫能力。

①光照调控：合理的光照强度对花卉健康生长和病虫害预防很重要。光照过弱，花株生长柔弱，抗病虫能力差；光照过强，导致灼伤和抑制生长，诱发次生

病菌的侵染。根据不同花卉对光照的要求，给予适度的光照，能增加叶片绿素含量，增强光合作用，有利于营养物质的积累，提高植株抗病虫能力。

②温度调控：花卉喜温暖，忌热寒。要根据不同花卉对生长温度的要求，调节其生长环境的温度：冬季要保暖防冻，夏季需降温防晒。温度过低，易造成花卉冻害；温度过高，易造成失水、灼伤和生长受阻，也会诱发枯萎病和炭疽病等多种病害。

③水分调控：花卉要湿润，莫淹旱。水可养根也可败根，栽培花卉必须保持根系基质的湿润状态。积水，导致根系通气不良，易诱发根腐病、枯萎病、基腐病、青枯病和软腐病等根茎病；干旱，导致植株萎蔫、凋萎或易诱发叶枯病、炭疽病等叶部病害。

④空气调控：良好的通气条件对预防花卉病虫害具有重要作用，要做到"疏松基质、强根健体，宽松空间、通风透气"。采用疏松通气和富有营养的栽培基质，有利于保持适宜的水分和透气条件，预防积水，促进根系和植株的旺盛生长。花株之间保持适当的间隔距离，有利保持良好的通风透气透光条件，促进植株健壮生长，阻隔病虫害的传播。

⑤营养调控：均衡营养与花卉的品质及抗性有紧密关系。营养协调要做好三项工作：选用保水保肥能力强、疏松透气的优质营养基质；根据花卉的需肥特点，注重氮、磷、钾以及钙、镁、硫、铜、锰、铝、硼、锌等微量元素的合理搭配；增施花卉专用菌肥和有机肥，促进营养物质转化吸收，抑制病原物，提高花卉的抗性。

2. 清除菌源虫源

花卉病菌和害虫可以通过多种方式生存和传播。病原菌可以在罹病植株、病株病叶等残体、栽培基质中存活，通过种苗、栽培基质、栽培工具、流水、空气、媒介昆虫及人工操作等途径传播。害虫可在受害植株残体和花圃周围杂草和其他宿主上生存，可以主动迁移扩散。因此，必须保持病虫害的存活场所清洁，切断传播途径，阻截病菌害虫来源，做好卫生防疫工作。

①搞好花卉生长环境卫生：彻底清除花圃、花园等栽培场所的枯枝落叶、病株残体，清除栽培环境中的杂草和其他宿主植物，消灭初侵染源，减少病菌害虫迁移危害。

②彻底清除发生过病害和虫害的栽培基质：种植新苗时要使用新基质，不重复使用已栽培过的基质。栽培基质使用之前要通过阳光暴晒。

③培育健康花苗：育苗或购苗时要选用健壮花苗，不从病株或虫伤株上选留种子种苗。育苗地应选用清洁、健康的优质栽培基质。

3. 科学使用农药

①精准用药，一药多治：各种农药都有适用防治对象，不同类型的病虫害须选用不同的药剂，例如：防治花卉疫霉病的药剂不适合防治锈害。有些农药有比较广泛的杀菌谱或杀虫谱，可以针对有相同发生期的病虫害选用广谱性农药，做到一药多治或多种病虫同时防治。例如：咪鲜胺类农药可以同时防治炭疽病、枯萎病和多种真菌性叶枯病、叶斑病，噻虫嗪可以防治蚜虫、粉虱、蓟马、介壳虫、跳甲等多种害虫。

②科学施药，早治速控：花卉病虫害的发生特点都有从少到多、从点到面的传染过程，因此，病虫害药剂防治要"治早"，加强病虫害检查，在病虫害发生初期施药，控制其扩散和蔓延。要重视安全施用农药，做到科学用药。花卉常用农药见表1-3。

表1-3　花卉常用农药剂型与防治对象

农药品种与剂型		防治对象
杀菌剂	噻霉酮（3% 微乳剂；1.5% 水乳剂；1.6% 涂抹剂）	炭疽病、枯萎病、叶枯病、叶斑病和细菌性病害
	嘧霉胺（40% 悬浮剂）	灰霉病
	异菌脲	灰霉病
	乙烯菌核利（50% 水分散剂）	灰霉病、菌核病、白绢菌
	腐霉利（50% 可湿性粉剂）	灰霉病、菌核病、白绢菌
	菌核净（40% 可湿性粉剂）	灰霉病、菌核病、白绢菌
	苯醚甲环唑（10% 水分散粒剂；25% 乳油）	枯萎病、叶枯病、叶斑病、菌核病
	苯甲丙环唑（30% 乳油）	枯萎病、叶枯病、叶斑病、菌核病
	丙环唑（2.5% 乳油）	炭疽病、锈病、叶斑病、菌核病
	咪鲜胺（25% 乳油；45% 水乳剂）	炭疽病、叶斑病、枯萎病

续表

农药品种与剂型		防治对象
杀菌剂	咪鲜胺锰盐（50%、60% 可湿性粉剂）	炭疽病、叶斑病、枯萎病
	咪鲜·多菌灵（25%、50% 可湿性粉剂）	炭疽病、叶斑病、枯萎病
	代森锰锌（43%、70%、80% 可湿性粉剂）	炭疽病、叶枯病、叶斑病、疫病
	多菌灵（25% 可湿性粉剂；40% 胶悬剂；40% 可湿性超微粉剂）	枯萎病、叶枯病、叶斑病
	吡唑醚菌酯（250 克/升乳油）	炭疽病、叶斑病、枯萎病
	氰烯菌酯（25% 悬浮剂）	枯萎病、炭疽病等真菌病
	烯酰吗啉（50% 可湿性粉剂；50% 水分散粒剂）	疫病、霜霉病、腐霉病
	烯酰吗啉代森锰锌（69% 可湿性粉剂；69% 水分散剂）	疫病、霜霉病、腐霉病
	甲霜灵（25% 可湿性粉剂；5% 颗粒剂；35% 粉剂）	霜霉病、疫霉病、腐霉病
	甲霜灵锰锌（58% 可湿性粉剂）	霜霉病、疫霉病、腐霉病
	三唑酮（20% 乳油；25% 可湿性粉剂）	锈病、白粉病
	氟菌唑（30% 可湿性粉剂）	锈病、白粉病
	烯唑醇（12.5% 可湿性粉剂；5% 乳油）	锈病、白粉病
	氟吡菌酰胺（41.7% 悬浮剂）	白粉病、菌核病、灰霉病、线虫病
	农用硫酸链霉素（72% 可溶性粉剂）	细菌性病害
	噻菌铜（20% 悬浮剂）	细菌性病害
	氨基寡聚糖（0.5%、2% 水剂）	真菌、病毒、细菌类病害，对害虫有杀虫和趋避作用，能提高作物抗逆性和促进作物生长
病毒抑制剂	宁南霉素（8% 水剂）	病毒病、真菌病、细菌病
	苷·醇·硫酸铜（1.45% 可湿性粉剂）	病毒病
	盐酸吗啉胍铜（25% 可湿性粉剂）	病毒病
	氮苷·吗啉胍（31% 可溶性粉剂）	病毒病
	烷醇·硫酸铜（1.5% 乳剂）	病毒病

续表

农药品种与剂型		防治对象
消毒剂	二氧化氯（10%、25%、48%、50% 粉剂）	可杀灭细菌、真菌等多种微生物，有除藻防腐功效，可用于养兰用品、用具、环境的消毒
	三氯异氰脲酸（98.5% 粉剂）	可杀灭细菌、真菌等多种微生物，有除藻防腐功效，可用于养兰用品、用具、环境的消毒
	乙醇	花卉分株时工具消毒
	高锰酸钾	养花用品、用具、花圃环境消毒
杀虫杀螨杀螺剂	阿维菌素（1.8% 乳油，3% 可湿性粉剂，10% 水分散剂）	蚜虫、潜蝇、螨类
	唑虫酰胺（15% 乳油）	蓟马、叶蝉、飞虱、蚜虫、螨类
	吡虫啉（10% 乳油；25% 粉剂）	蚜虫、粉虱、蓟马
	啶虫脒（5% 可湿性粉剂）	蚜虫、粉虱、蓟马
	毒死蜱（30% 微乳剂；40.7% 乳油）	蚜虫、粉虱、蓟马
	噻虫嗪（25% 乳油）	蚜虫、粉虱、蓟马、介壳虫、跳甲
	咪蚜胺（10% 可湿性粉剂；5% 乳油）	蚜虫、飞虱、叶蝉、蓟马、蚧类，也可防治鳞翅目、鞘翅目、双翅目害虫
	噻嗪酮（25% 可湿性粉剂；20% 乳油）	粉虱、飞虱、叶蝉、蚧类、螨类
	克螨特（30% 可湿性粉剂；73% 乳油）	叶螨、锈螨、瘿螨
	丁硫克百威（20% 乳油）	蚜虫、红蜘蛛、蓟马、线虫
	杀扑磷（40% 乳油）	介壳虫、蚜虫、粉虱
	噻螨酮（5% 乳油；5% 可湿性粉剂）	红蜘蛛、螨类
	乙螨唑（11% 悬浮剂）	各种螨类，对卵效果佳
	噻唑膦（10% 颗粒剂）	线虫
	四聚乙醛（6% 颗粒剂）	蜗牛、蛞蝓
	杀螺胺乙醇胺盐（50% 可湿性粉剂）	蜗牛、蛞蝓

4. 推广绿色防控

①应用物化防治：利用昆虫信息素（性引诱剂、聚集素等）、杀虫灯、诱虫板（黄板、蓝板）等，能有效诱杀蛾类、蝶类、飞虱、叶蝉等多种花卉害虫。

用杀虫灯和诱虫板捕杀花卉害虫

用黄板捕杀蝴蝶兰害虫

②推广生物防治：推广应用以虫治虫、以菌治虫、以菌治菌等生物防治技术，例如：利用蚜茧蜂防治蚜虫，利用淡紫拟青霉防治线虫，利用阿维菌素防治粉虱、叶螨、瘿螨和蚜虫等害虫，利用中生菌素防治细菌性青枯病、软腐病等。

阿维菌素

中生菌素

淡紫拟青霉菌剂

③保护利用天敌：大自然中存在花卉害虫的多种天敌，例如蚜虫的寄生性天敌有蚜茧蜂，捕食性天敌有瓢虫、草蛉、食蚜蝇及蜘蛛等，介壳虫的天敌有寄生性螨。这些自然天敌在花圃、花园、公园的生态系统中有效地控制着害虫群落的

发生及发展。不适当的农事操作，例如不合理地施用化学杀虫剂等，其自然控制效能会降低，使得害虫数量的扩增更加迅速，因此要尽可能地保护天敌。

被寄生蜂寄生的桃粉蚜

中华草蛉幼虫捕食桃粉蚜

大十星瓢虫幼虫捕食桃粉蚜

大十星瓢虫成虫捕食蚜虫

食蚜蝇幼虫捕食桃粉蚜

草履蚧被螨寄生

二、花卉病害

（一）疫病和腐霉病

疫霉（*Phytophthora*）和腐霉（*Pythium*）能侵染多种花卉，对花卉破坏性强。疫霉引起的病害通常称为疫病，病菌可侵染多种花卉的叶、茎、花、果，引起植物组织坏死、焦枯和腐烂，在潮湿的条件下病组织上会产生暗灰色霉状物。腐霉能侵染多种花卉，为害根、根颈、茎、叶、花和果实，通常引起花卉根腐、茎腐以及幼苗猝倒，称为腐霉病、腐霉枯萎病、腐烂病和猝倒病；在发病部位会产生棉絮状霉层。

1. 诊断实例

（1）长春花疫病

根、茎、叶、花均可受害。植株茎基部及主根受侵染，形成条状或梭状黄褐

长春花疫病症状（茎基部腐烂、猝倒、萎蔫）　长春花疫病症状（茎、枝、叶腐烂）

斑，病部缢缩，皮层呈黄褐或灰褐色干腐，木质部暗色，叶片失水萎蔫。枝梢和茎叶受侵染，病部初生灰褐色水渍状小斑，病斑逐渐扩展形成黑褐色不规则斑块，潮湿条件下病部产生灰白色稀疏霉层，严重时茎倒折下垂，叶片和花朵腐烂。病原为烟草疫霉（*Phytophthora nictianae*）。

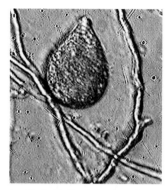

烟草疫霉菌丝和孢子囊

（2）郁金香疫病

郁金香叶片、花和茎均可受侵染，发病初期出现水渍状病斑，扩大后形成灰白色斑块，病斑上产生灰色霉层。病菌侵染叶片造成叶尖和叶缘腐烂和焦枯，潮湿时呈水渍状，干燥时干枯皱缩。有时侵染叶腋或叶腋以下的花梗，导致皱缩、枯萎、下垂和落花。病原为葱疫霉（*Phytophthora porri*）和恶疫霉（*Phytophthora cactorum*）。

郁金香植株疫病症状

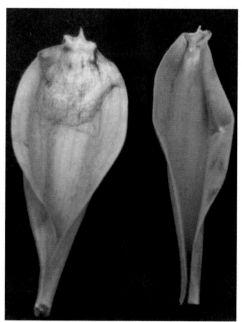

郁金香叶片疫病症状

（3）蝴蝶兰疫病

病害主要为害根颈部，也侵染叶片和花。根颈基部发病先表现为黄褐色水渍状，随后变褐腐烂，腐烂部可能出现灰白色霉状物；病株叶片萎蔫下垂，花梗枯死；病株、叶及花梗都易拔出。叶片发病前期呈现水渍状褐色斑点，扩展形成不规则，褐色腐烂斑块。病原为疫霉（*Phytophthora* sp.）。

蝴蝶兰疫病症状（根颈部腐烂）

（4）仙人柱腐霉病

仙人柱茎基部和茎部受侵染引起腐烂。干燥条件下形成暗黑色皱缩，高湿条件下病组织产生白色棉絮状的菌丝体。病原为腐霉（*Pythium* sp.）。

 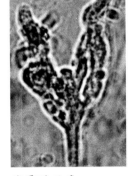

仙人柱腐霉病症状　　　腐霉孢子囊

2. 发病规律

适温高湿有利疫病和腐霉病发生，气温 25~30℃、空气相对湿度 85% 以上有利病原菌的侵染和致病。病菌随病残体在土壤中越冬，也可以在寄主植物的根部或繁殖器官越冬。越冬的卵孢子是初侵染源，发病组织上形成游动孢子囊和游动孢子引起再侵染。

3. 防治措施

①种苗消毒：选用健康种球和种苗。定植前将种球或种苗根部置于 25% 甲霜灵可湿性粉剂，或 58% 甲霜灵锰锌可湿性粉剂，或 69% 烯酰吗啉代森锰锌可湿性粉剂 250~300 倍液中浸泡 15~20 分钟，取出晾干后种植。

②栽培防病：选择光线充足、通风良好的栽培场所。选用干净无病的土壤或栽培基质；保持基质适度水分，避免过度浇水。

③药剂防治：在病害始发期要及时施药防治，或发病前进行预防性防治，可选用 25% 甲霜灵可湿性粉剂、58% 甲霜灵锰锌可湿性粉剂、69% 烯酰吗啉代森锰锌可湿性粉剂 600~800 倍液喷施，7~10 天 1 次，共 2~3 次。

（二）炭疽病

炭疽菌（*Colletotrichum*）寄主范围相当广泛，大部分花卉都会发生炭疽病。该病菌形成分生孢子盘；分生孢子椭圆形，着生于分生孢子盘上，呈粉红色至橘红色。病菌可侵染叶片和茎干，染病部位产生圆形或近圆形病斑，病斑中央通常呈灰白色、边缘褐色稍隆起，周围形成黄晕。病斑扩大后有轮纹状，上生黑色小点，遇高湿度时会溢出粉红色至橘红色黏状物。病害严重时可导致叶片干枯和枝茎腐烂。

1. 诊断实例

（1）仙人掌类炭疽病

炭疽病是仙人掌类花卉的重要病害，仙人掌、仙人球、仙人柱、三角杆、昙花等花卉都会发生炭疽病。仙人掌类感染炭疽病后，茎上产生圆形或近圆形病斑，淡褐色，病斑表面隆起，稍具木栓化，其上有黑色小点轮状排列。有些病斑扩大后变黑腐烂。仙人掌植物种类不同，症状特点也有所区别。

①昙花炭疽病：病菌侵染昙花植株基部茎和叶片，茎部和叶片上产生近圆形病斑。病斑中部灰白色，布满黑色粒状物（分生孢子盘），病斑边缘褐色、稍隆起。

昙花花朵及叶片症状

昙花叶片、茎炭疽病症状

②仙人掌炭疽病：病菌侵染仙人掌肉质叶片，在叶片表面密生小型灰白色近圆形病斑。病斑表面隆起、木栓化，中央生黑色粒点状物。严重时病斑连结成片，形成结疤状。

仙人掌炭疽病症状

仙人球炭疽病症状

③仙人球炭疽病：病菌侵染仙人球的球瓣表面和棱刺基部，初期产生绿色胶状病斑，病斑逐渐转变为黄色木栓化大斑块，斑块表皮破裂后着生黑色小粒点。

病原为胶孢炭疽菌（*Colletotrichum gloeosporioides*）。

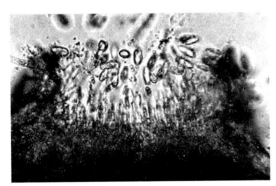

胶孢炭疽菌分生孢子盘

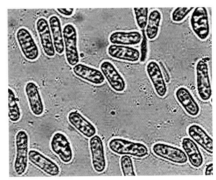

胶孢炭疽菌分生孢子

（2）芦荟炭疽病

病菌为害芦荟叶片。病斑发生于叶尖、叶缘或叶面，初期产生淡褐色凹陷的小斑点，渐渐扩大成圆形或不规则形，褐色或黑色。病斑中央凹陷、边缘稍隆起，其上着生黑色小点粒。有时数个病斑相互愈合引起叶片枯死。病原为胶孢炭疽菌（*Colletotrichum gloeosporioides*）。

芦荟炭疽病症状

芦荟（不夜城）炭疽病症状

（3）富贵竹炭疽病

病害发生于叶片、嫩叶芽、主茎、叶茎基部。叶片上多在叶尖或叶缘发病，病斑初期呈水渍状暗绿色，逐渐扩大为半圆形至不规则形；病斑中部呈灰褐色或灰白色、边缘深褐色，病斑上呈现小黑点。叶芽、茎和叶茎发病，导致芽、茎枯死腐烂，枯死组织表面有小黑点。病原为炭疽菌（*Colletotrichum* sp.），有性态为亚球壳（*Sphaerulina*）。

富贵竹炭疽病症状（茎腐叶枯）

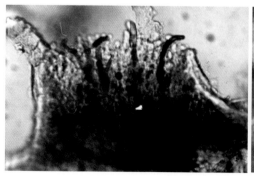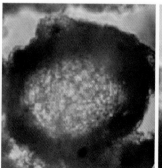
炭疽菌分生孢子盘（左）、亚球壳子囊座（中）、亚球壳子囊和子囊孢子（右）

（4）苏铁炭疽病

苗期和成株期均可发生。苗期发病，茎和茎基部产生黑色病斑，球茎腐烂，植株萎蔫；叶鞘、叶柄发病，产生褐色至黑色病斑，叶柄变黑坏死，羽片枯黄；羽叶发病，导致叶片断裂脱落，仅残留叶柄。成株期病害一般从羽叶的端部或羽片的边缘开始发病，病斑初期呈黄色或红色小点，逐渐扩大为近椭圆形或不规则形，病斑扩大和相互连结形成叶枯；病健交界明显，病斑上散生黑色小点，严重时羽片端部枯黄断落。病原为炭疽菌（*Colletotrichum* sp.）。

苏铁苗炭疽病症状（叶鞘坏死，羽叶干枯）

（5）兰花炭疽病

炭疽病是兰花的重要病害，各种兰花都会感染此病。病害发生于叶片、假鳞茎、萼片、花瓣。初期产生淡褐色凹陷的小斑点，渐渐扩大成圆形或不规则形，黑褐色。病斑中央坏死，呈灰褐色或灰白色，边缘褐色，稍隆起，周围有黄色晕圈，其上着生黑色小点粒。有时数个病斑相互愈合形成大块枯斑，叶基部发病可

文心兰炭疽病症状

大花蕙兰炭疽病症状

石斛炭疽病症状

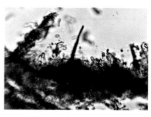

胶孢炭疽菌分生孢子盘

石斛炭疽病症状　　　　　蝴蝶兰炭疽病症状　　　　兰科炭疽菌分生孢子盘

导致叶片枯黄。病原有胶孢炭疽菌（*Colletotrichum gloeosporioides*）和兰科炭疽菌（*Colletotrichum orchidearum*）。

（6）虎尾兰炭疽病

病斑产生于叶面、叶尖或叶缘，褐色，圆形、半圆形或不规则形。病斑中部稍下陷、木栓化，边缘稍隆起，病斑表面形成轮纹，其上有散生或排列规则的小黑点。病原为胶胞炭疽菌（*Colletotrichum gloeosporioides*）。

虎尾兰炭疽病症状

虎尾兰炭疽病病斑

（7）龙舌兰炭疽病

叶片上产生大小不一的近圆形或椭圆形病斑，病斑中部初期呈灰白色或淡黄色，后期密生轮状排列的黑色小点，病斑边缘深褐色。病原为胶胞炭疽菌（*Colletotrichum gloeosporioides*）。

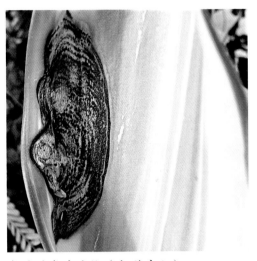 

龙舌兰炭疽症状（大型病斑）　　　龙舌兰炭疽病症状（大小不一病斑）

（8）白掌炭疽病

病害发生于叶面、叶尖或叶缘。病斑圆形或不规形，中部淡褐色，边缘褐色，有黄色晕圈，其上有小黑点。病原为炭疽菌（*Colletotrichum* sp.）。

 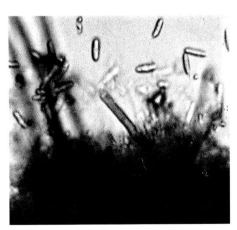

白掌炭疽病症状　　　　　　　　炭疽菌分生孢子

（9）棕榈类炭疽病

病害多从叶缘、叶尖开始发生。病斑圆形、半圆形或不规则形，黑褐色，病部稍隆起，边缘有黄晕。叶柄上有不规则形黑斑。后期病斑上产生小黑点。不同树种，症状有些差别。

①鱼尾葵炭疽病：有叶枯型和叶斑型。叶枯型炭疽病，病害从叶缘、叶尖开始发生，病斑黑色，扩大后相互连续造成大面积焦枯，后期病部呈灰白色，产生小黑点。叶斑型炭疽病，病菌侵染茎干和叶面，病斑黑褐色，近圆形，病部稍隆起，边缘有黄晕。

鱼尾葵炭疽病症状

桃实棚炭疽病症状

加拿利海枣炭疽病症状

②桃实桐炭疽病：病害发生于叶片、叶脉和茎干，病斑较小，深褐色、近圆形，病斑外围有黄色晕圈。

③加拿利海枣炭疽病：病害发生于叶片、叶缘、叶柄基部和茎干。病斑黑色，椭圆形、梭形，病斑密集相连后形成茎枯或叶枯。

病原为胶孢炭疽菌（*Colletotrichum gloeosporioides*）。

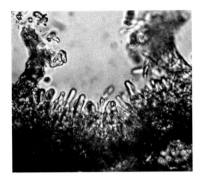

胶孢炭疽菌分生孢子盘

（10）黄杨炭疽病

病害发生于叶面、叶缘和叶尖。病斑圆形、半圆形或不规则形，中央灰白色有轮状排列的小黑点，病斑边缘褐色稍隆起，外围有黄晕。病原为胶孢炭疽菌（*Colletotrichum gloeosporioides*）。

2. 发病规律

病菌以菌丝体和分生孢子盘在病部和遗落于土壤中的病株残体上存活，以分生孢子借雨水和浇灌水溅射传播，从伤口侵入。病菌萌发的最适温度为 24~28℃，高温、多雨和潮湿的气候发病重。花卉偏施氮肥，抗病性弱，盆花放置过密集、通风不良，湿度大有利病害发生，有机械伤和虫伤口、日灼或冻害的叶片均易发病。

黄杨炭疽病症状

3. 防治措施

①清除菌源：做好栽培场所的环境卫生，及时清除病叶和枯死植株，集中烧毁。在发病初期及时剪除病叶或病斑，消灭发病中心，并立即喷施杀菌剂予以保护。

②栽培防病：选用透气性好、保水性强的栽培基质；注重栽培环境通风除湿，保持适宜栽种密度，提倡滴灌，避免喷灌或浇当头水。氮、磷、钾合理搭配，科学施肥；注意防治虫害，预防日灼和冻害。

③药剂防治：发病初期可选用以下药剂喷施：25% 咪鲜胺乳油或 45% 咪鲜胺乳剂或 50% 咪鲜胺锰络合物可湿性粉剂 1000~1500 倍液，25% 丙环唑乳油 1000~1500 倍液， 70% 代森锰锌可湿性粉剂 600~800 倍液，25% 溴菌腈乳油 300~500 倍液。上述药剂交替使用，每 7~10 天 1 次，连喷 2~3 次。

（三）灰霉病

灰霉病是由灰葡萄孢菌侵染引起的病害，花、果、叶、茎均可发病。发病组织初期呈淡褐色水渍状腐烂，而后失水焦枯。潮湿条件下病组织上产生暗灰色霉层，这是灰霉病的重要诊断特征。

1. 诊断实例

（1）非洲菊灰霉病

非洲菊灰霉病主要发生于花、花蕾和花梗。花器染病初期在花蕾和花瓣上产生水渍状斑点，后病斑逐渐扩大，最后腐烂，引起花瓣枯死，称花枯。花朵下部的花梗发病后，病斑绕四周和上下扩展，引起腐烂，花朵下垂。湿度大时病部产生灰色霉层。病原为灰葡萄孢（*Botrytis cinerea*）。

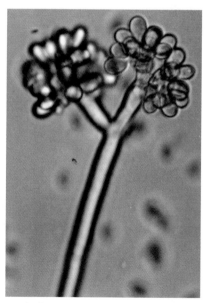

非洲菊灰霉病症状

灰葡萄孢分生孢子梗和分生孢子

（2）一品红灰霉病

花序、花枝、嫩梢、苞叶和叶片均可发生病害。花序受侵染后，最初花苞和苞片出现褐色病斑，继而迅速变褐枯萎、腐烂。病害可沿花柄向下蔓延而危害花枝，致使植株顶端的嫩梢变成黄褐色，腐烂枯死。叶片主要先从叶尖和叶缘发病，病斑初期呈水渍状，扩展后导致病组织变褐焦枯。病组织上均产生暗灰色霉状物。病原为灰葡萄孢（*Botrytis cinerea*）。

一品红花序灰霉病症状

一品红苞叶灰霉病症状

（3）紫罗兰灰霉病

病菌侵染叶片、花和枝梗，引起叶片枯斑，花朵、花梗腐烂。叶片发病先出现水渍状小斑，扩展后形成褐色不规则形病斑。花朵受害出现褪色水渍状斑，湿度大时扩展快，引起腐烂。花梗腐烂导致花朵凋萎下垂，茎发病引起分枝处腐烂。湿度大时病部产生灰白色霉层。病原为灰葡萄孢（*Botrytis cinerea*）。

紫罗兰灰霉病花朵症状

（4）天竺葵灰霉病

花朵、叶片和枝条均可发病，引起花枯、叶斑和枝腐。花部受侵染后，花瓣边缘变褐腐烂，花朵凋萎。叶片上形成褐色水渍状病斑，病斑腐烂干枯。发病部位有灰色霉层。病原为天竺葵葡萄孢（*Botrytis pelargonii*）。

天竺葵花朵灰霉病症状　　天竺葵叶片灰霉病症状　　天竺葵葡萄孢分生孢子梗和分生孢子

（5）常春藤灰霉病

病菌侵害叶片、叶柄、嫩芽和藤蔓。病部初期为淡褐色水渍状病斑，病斑扩大后导致叶、茎腐烂，变黑焦枯。潮湿时生出灰色霉层。病原为灰葡萄孢（*Botrytis cinerea*）。

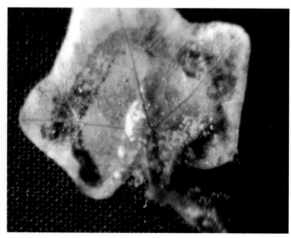

常春藤藤蔓灰霉病症状　　　常春藤叶片灰霉病症状

（6）百合灰霉病

百合普遍发生的一种病害。主要为害叶片，也可侵染茎部和花。叶片从叶尖和叶缘受侵染，产生淡褐色水渍状斑点，病斑向下和向内扩展，导致叶片大面积焦枯。花器受侵染，导致花苞畸形和花瓣萎蔫。潮湿条件下病部产生灰绿色霉层。病原为百合葡萄孢（*Botrytis liliorum*）。

百合灰霉病症状

（7）郁金香灰霉病

郁金香灰霉病又称郁金香火疫病、褐斑病、枯萎病，在郁金香种植地区普遍发生，是为害郁金香的一种重要病害。该病为害叶、花和鳞茎，导致叶、花、茎腐烂，在叶上引起灰褐色水渍状病斑，病斑会迅速扩展导致叶片凋萎。花受侵后出现淡褐色斑点，病斑扩展后变褐腐烂，导致花朵干枯。鳞茎受害后在外部肉质鳞片上出现圆形或椭圆形病斑，斑点中部黄灰色、边缘褐色，严重时变黑腐烂。潮湿条件下病部表面布满灰色霉层。病原为郁金香葡萄孢（*Botrytis tulipae*）。

郁金香叶片灰霉病症状

郁金香叶片、花朵灰霉病症状

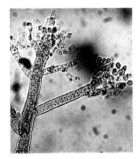

郁金香葡萄孢分生孢子梗和分生孢子

（8）唐印灰霉病

病菌侵害肉质叶。病部初期产生灰白色水渍状病斑，病斑扩大后导致肉质叶腐烂，病部产生灰色霉层。病原为葡萄孢（*Botrytis* sp.）。

（9）蝴蝶兰灰霉病

病菌侵害花瓣、花梗、叶片、萼片。初期在花瓣花萼上出现半透明水渍状小斑点，后病斑变褐，并逐渐扩大为圆形斑块，病斑互相融合，形成灰黑褐色腐烂凋萎。病原为灰葡萄孢（*Botrytis cinerea*）

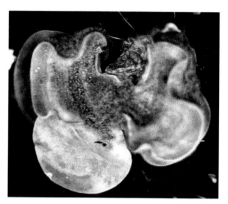
唐印灰霉病症状

2. 发病规律

灰霉菌以分生孢子或菌核在病残体或种子种球上存活，分生孢子通过气流传播。病原菌主要从伤口、坏死或衰亡的组织侵入。温度20~24℃，空气相对湿度在95%以上时发病严重。大棚、温室等设施内栽培花卉，通风不良、湿度高，有利病害发生和流行。露地栽培花卉在夏秋多雨、高温高湿季节发病最严重。虫害和冻害易诱

蝴蝶兰灰霉病症状（花朵腐烂）

发灰霉病。花卉在储运过程中，湿度大、通风不良、花上结露时灰霉病严重发生。

3. 防治措施

①清除菌源：花卉生长期如发现灰霉病，要及时拔除病株或剪除病组织，并放入塑料袋内携出栽培场所外销毁，并及时喷药保护。花卉采摘后及时清除栽培场所的残花败叶，彻底清园，翻晒土壤，减少菌源。

②栽培防病：搞好花卉栽培场所的通风排湿，避免喷灌，提倡滴灌，发病后控制浇水和施肥。对切花花卉，清除中下部枯死枝叶，减少伤口。贮运过程中，降低包装箱内的空气相对湿度（93%以下），避免花、叶结露，以减少发病。

③药剂防治：发病初期使用异菌脲 50% 可湿性粉剂 1000~1500 倍液或嘧霉胺 40% 悬浮剂 1200 倍液，隔 7~10 天喷 1 次，连续喷 2 次。

（四）白粉病

许多花卉都会发生白粉病。白粉病是病征显著的病害，主要发生于叶片，也可为害枝、花。叶片发病初期，在叶正面出现小的白粉斑，后逐渐扩大为近圆形白粉斑，严重时整个叶片布满白粉。后期在白粉层中可形成褐色小球点（为病菌有性阶段的闭囊壳），叶片褪绿、焦枯。

1.诊断实例

（1）九里香白粉病

病菌侵染九里香嫩梢、叶片、叶柄和花序等。发病初期，叶片上产生淡黄色小斑，随后病斑上出现银白色的粉斑，并逐渐扩大为圆形或不规则形的白粉斑，严重时叶片布满白粉。嫩芽染病叶片两面常布满白粉层，叶片皱缩反卷，扭曲畸形；随后叶片、叶柄脱落，造成枯梢。花序、花梗和嫩枝梢布满白粉后，花序停止开放，花梗枯死、脱落，顶梢干枯。后期病植株叶片落光，仅存枯枝。病原为粉孢菌（*Oidium* sp.）。

九里香白粉病症状

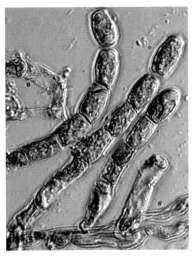

粉孢菌菌丝、分生孢子梗和串生的分生孢子

（2）月季白粉病

病菌侵染月季的叶片、叶柄、嫩梢、花蕾和花梗等。发病初期，在叶片、枝梢、花蕾和花梗上出现散生的褪绿黄斑，后病斑逐渐扩大，在叶片正反两面及其他部位的病斑上出现白色粉霉层。嫩梢受害后芽和嫩叶肿胀、卷曲畸形，并逐渐枯死。花蕾布满白粉层后逐渐凋萎，受害较轻的花蕾产生畸形花。花梗布满白粉层后逐渐枯死，导致上部花蕾死亡和花朵凋谢。重病植株器官畸形，嫩梢枯死，降低了观赏性及切花产量。病原为粉孢菌（*Oidium* sp.），有性态为毡毛单丝壳（*Sphaerotheca pannosavar*）。

月季叶片白粉病症状

月季花梗及花萼白粉病症状

（3）紫薇白粉病

病菌主要侵害叶片，嫩梢和花蕾也能受侵染。老叶和嫩叶均可发病，但老叶病害较轻。叶片展开即可受侵染，嫩叶受害表面布满白粉状物，增厚，扭曲变形，干枯早落。老叶发病在叶片上出现白色小粉斑，扩大后为圆形病斑，白粉斑可相互连接成片。有时白粉层覆盖整个叶片，致使叶片枯死。嫩梢受害生长受抑制，畸形萎缩；花序受害，表面覆盖白粉，花朵畸形。叶片发病后期白粉层中出现黑色小粒点，这是白粉菌的闭囊壳。病原为粉孢菌（*Oidium* sp.），有性态为南方小钩丝壳菌（*Uncinuliella australiana*）。

紫薇白粉病症状（老叶布满白粉）　　紫薇白粉病症状（新叶增厚卷曲）

（4）黄杨白粉病

病菌主要侵染叶片，新叶发生较严重。叶片正面和背面都可产生白色粉斑，以叶面为主，并逐渐扩大为不规则形的白粉层斑块，严重时叶片布满白粉。病原为粉孢菌（*Oidium* sp.）。

大叶黄杨白粉病症状

2. 发病规律

病原菌以菌丝体在病芽、病叶、病枝等病组织内存活，也以闭囊壳在落叶上越冬。翌年春季潜伏的菌丝体产生分生孢子或闭囊释放子囊孢子进行初侵染。病菌孢子通过空气传播，与寄主接触后孢子萌发侵入丝，直接穿透植物的角质层和表皮细胞，引起病害。病组织产生分生孢子，引起多次再侵染。白粉菌较耐干旱，因此白粉病在干燥的气候条件下和设施栽培的环境中容易发生。在高温高湿和高温干旱交替的气候条件下，病害易流行。植株栽种过密，施氮肥过多时，病害发生较严重。

3.防治措施

①清除菌源：冬季修剪、清除枯枝落叶，并及时烧毁。越冬花株和栽培场所可以用3波美度的石硫合剂喷施，或15%三唑酮可湿性粉剂1000~1500倍液喷施，消灭越冬病原。

②栽培防病：合理密植和科学施用肥水，增强植株生长势，提高抗病力。设施栽培时要适当开棚调节棚内的空气和湿度。增施磷钾肥，控制氮肥。

③药剂防治：发病初期及时摘除病叶，可用三唑酮25%可湿性粉剂1000~1500倍液，或30%氟菌唑可湿性粉剂2000~3000倍液喷洒，隔7~10天喷药1次，连续喷2~3次。

（五）锈病

由锈菌引起的病害统称为锈病。锈菌可危害多种花卉，锈病是病征显著的病害，发病组织上有黄褐色、锈褐色、黑色隆起的冬孢子堆或夏孢子堆，这是最重要的诊断特征。

1.诊断实例

（1）美人蕉锈病

病害发生于叶片、叶鞘，发病初期叶片上产生黄色近圆形小斑点，病斑逐渐扩大，形成黄色至黄褐色疱状突起（锈菌夏孢子堆）。病部疱斑开裂后散发橘黄色粉末，即病原菌的夏孢子。后期病斑上产生深褐色粉状物，即病原菌的冬孢子堆。病害发生严重时，病斑布满叶片，出现大面积不规则枯坏斑块，导致叶片枯死。病原为美人蕉锈菌（*Puccinia thaliae*）。

美人蕉植株锈病症状

美人蕉叶片锈病症状（夏孢子堆）

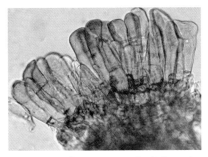

美人蕉叶片锈病症状

美人蕉锈菌冬孢子及其着生状态

（2）菊花锈病

菊花锈病有白锈病和黑锈病两种。

①白锈病：病害发生于叶片，起初在叶背产生生白色或灰白色小疱，后逐渐隆起，形成淡褐色或黄褐色大疱斑，为病菌的冬孢子堆。在冬孢子堆相对应的叶正面形成淡黄色斑块，严重时病斑可布满全叶，导致菊叶焦枯和植株死亡。病原为堀柄锈菌（*Puccinia horiana*）。

②黑锈病：危害叶片，开始在叶背产生褐色或暗褐色小疱斑，疱斑逐渐隆起，形成橙黄色夏孢子堆，后期产生深褐色或暗黑色疱斑，为冬孢子堆。孢子堆破裂后散出栗褐色或黑色粉末的冬孢子。在孢子堆相对应的叶正片形成暗黑色斑点或斑块，病斑密布叶片，导致叶片干枯。病原为菊柄锈菌（*Puccinia chrysanthemi*）。

菊花植株白锈病症状

菊花叶片白锈病症状（叶面黄斑）

菊花叶片白锈病症状（叶背的孢子堆）

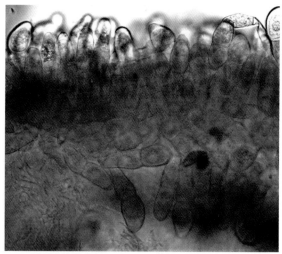

堀柄锈菌冬孢子堆

（3）万年青锈病

病害主要发生于叶片，初期形成褪绿黄色小斑，此后在黄色斑中央出现黄色小隆起（病菌的夏孢子堆）；病斑继续扩大后边缘呈深褐色，内部呈淡褐色，中央形成褐色隆起（冬孢子堆）。病原为单孢锈菌（*Uromyces* sp.）。

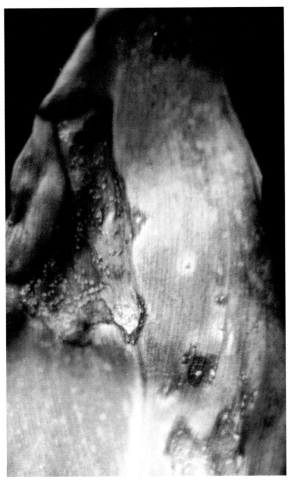

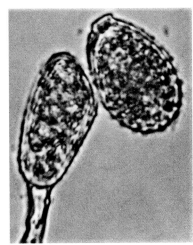

单胞锈菌夏孢子（上）和冬孢子（下）

万年青锈病症状

单胞锈菌孢子堆

（4）海棠锈病

海棠锈病主要危害海棠叶片，也能危害叶柄、嫩枝。叶片发病初期在叶正面产生有光泽的橙黄色小病斑，随后病斑扩大为近圆形的大病斑。病斑中央橙黄色，上生黄色小粒点（性子器）并溢出黄色黏液状（性孢子堆），黏液干燥后变为黑色。病斑外层黄色，有黄色晕圈，病斑周围的叶片组织变褐坏死。病斑肥厚，正面稍凹陷、背面隆起，隆起部丛生灰黄色毛状物（锈子器）。病斑后期变为黑色，破裂，病斑多时引起叶片扭曲皱缩和提早落叶。病原为梨胶锈菌（*Gymnosporangium asiaticum=G.haraeanum*）。

海棠锈病症状

海棠锈病斑点背面产生锈子器

（5）鸡蛋花锈病

锈菌侵染叶片，在叶背面产生橘黄色夏孢子堆，孢子堆表皮破裂后散出粉末状物。病菌多次再侵染使夏孢子堆越来越密，在孢子堆相对应的叶正面形成浅黄

鸡蛋花植株锈病症状（锈斑、枯叶、落叶）

鸡蛋花锈病症状（夏孢子堆和枯叶）

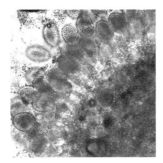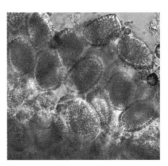

鸡蛋花锈病症状（夏孢 　鸡蛋花鞘锈菌夏孢子堆 　鸡蛋花鞘锈菌夏孢子
子堆）

色病斑，病斑后期呈褐色；多个病斑可扩展并连成一片导致叶枯，叶片边缘卷曲，叶柄变黄且极易脱落。病原为鸡蛋花鞘锈菌（*Coleosporium plumeria*）。

2. 发病规律

病菌以菌丝或冬孢子在病芽、病枝上越冬，次年产生担孢子，经气流传播，从气孔侵入寄主植物幼嫩部位开始感染。孢子萌发、侵染温度为 9~27℃。温暖多雨，潮湿多雾，偏施氮肥时易发病。犁胶锈菌和鸡蛋花鞘锈菌都有转主寄生现象。犁胶锈菌在桧柏上形成冬孢子和担孢子，冬孢子和担孢子再转到海棠上寄生为害；鸡蛋花鞘锈菌在松科植物上产生性孢子和锈孢子，在鸡蛋花上产生夏孢子，冬孢子则少见。

3. 防治措施

①清洁田园：不要引进带病苗木；种苗或母本植株在种植前要进行严格的消毒处理；冬季清除病叶及病株残体，集中烧毁。种植海棠和鸡蛋花时要避开桧柏等松科转主植物。

②健身栽培：施足基肥，增施磷钾肥，保持适当的栽植密度。

③药剂防治：发病初期使用三唑酮25%可湿性粉剂2000倍液或12.5%烯唑醇可湿性粉剂1000倍液，隔7~10天喷1次，连续喷2~3次。

（六）青霉病、曲霉病

青霉病主要危害鳞茎或球茎花卉，是鳞茎或球茎花卉的重要贮运期病害。带病鳞茎表面或内层鳞片腐烂、产生明显的绿色、青绿色、蓝绿色或黄绿色霉层。用病鳞茎栽培出的植株畸形、叶片扭曲、鳞茎腐烂。病部形成绿色、青绿色或蓝绿色霉层是该病害最重要的诊断特征。

黑腐病发生于多肉类和球茎类花卉。该病害主要诊断特征是病组织大面积坏死、腐烂，发病部产生黑色霉层。

1. 诊断实例

（1）郁金香青霉病

郁金香青霉病也称青霉腐烂病。病害发生于栽种生长期和鳞茎贮藏期。该病主要危害鳞茎，染病鳞茎的地上部植株也有症状。鳞茎发病初期外层鳞片产生暗褐色凹陷病斑，内部鳞片逐渐腐烂，最后干朽萎缩，表面出现蓝绿色霉层。病菌侵染幼芽和嫩叶，叶尖产生水渍状病斑、坏死，病健交界明显，腐烂部后期出现蓝绿色霉层。病鳞茎中长出的植株矮缩，叶片扭曲畸形，叶缘产生缺刻，叶面形成泡斑、褪绿黄化，不开花或开畸形花，最后植株枯死。贮藏期鳞茎发病初期外部不出现症状，横切和纵切鳞茎可以看到霉层从鳞片内侧向中央扩展，中央生长点腐烂。病原为圆弧青霉（*Penicillium cyclopium*）和丛花青霉（*P.corymbiferum*）。

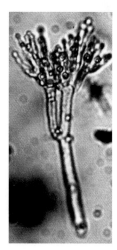

郁金香青霉病症状　　　　郁金香青霉病症状（鳞茎产　圆弧青霉分生孢
　　　　　　　　　　　　　生青霉）　　　　　　　子和分生孢子梗

（2）风信子青霉病

风信子青霉病又称风信子青霉腐烂病，主要侵染贮藏期鳞茎。鳞茎表层鳞片病部凹陷，暗色至暗褐色，内部鳞片逐渐腐烂，最后干朽萎缩，表面出现蓝绿色或黄绿色霉层。病原为圆弧青霉（*Penicillium cyclopium*）和丛花青霉（*P.corymbiferum*）。

（3）富贵竹黑腐病

病害发生于叶片。从叶基部或下部叶缘开始发病，病斑扩大后引起叶组织腐烂、叶片枯死。病斑有轮纹，内层灰白色、外层黄褐色，中央产生黑色霉层，病斑周围组织呈水渍状褪绿或黄化。病原为黑曲霉（*Aspergillus niger*）。

风信子青霉病症状

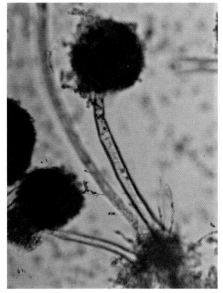

富贵竹黑腐病症状

黑曲霉

2. 发病规律

青霉病由病种球或带菌种球传播。病菌侵染贮藏期种球，引起贮藏期病害；

病种球种植后在田间传播侵染，引起花卉生长期青霉病。病菌主要从机械伤口或螨类昆虫为害造成的伤口侵入鳞茎，贮藏和运输期的高温高湿条件有利病害发生。

黑腐病病原以菌丝体、分生孢子在病株残体或带菌种苗上越冬，经气流传播。从机械伤口或虫伤口侵染。高温高湿天气有利于病害发生。

3. 防治措施

①加强栽培管理：鳞茎或球茎花卉要选择肥沃、排水良好的土壤或基质，避免连作或旧土种植；氮、磷、钾合理搭配施肥，加强水分管理，避免过度浇灌；保持合理的种植密度，保证成株期通风透光。

②选用健康种球：鳞茎或球茎花卉青霉病以种球带病传播为主，此病防治要重视培育无病种球。采收种球时必须选用无伤口的种球留种，淘汰受伤种球。

③科学药剂防治：青霉病防治，要抓好种球消毒关，采收后入库贮藏前和种植前种球可用 50% 多菌灵可湿性粉剂 800 倍液或 45% 噻菌灵悬浮剂 1000 倍液浸泡消毒。消毒时将种球置于杀菌剂溶液中浸 25~30 分钟后晾干。黑腐病的防治，在发病初期及时清除病叶病斑，然后用 50% 多菌灵可湿性粉剂 800 倍液或 45% 噻菌灵悬浮剂 1000 倍液喷施。

（七）枝孢霉病

枝孢霉（*Cladosporium* sp.）分布广泛，能为害多种花卉，引起煤污病或叶枯病。花卉煤污病的发生与虫害有关，粉虱、介壳虫、蚜虫、螨类等害虫发生严重时，煤污病也大发生。叶枯病发生后，在枯死组织可看到黑色霉层。

1. 诊断实例

（1）蝴蝶兰煤污病

植株叶片的叶缘、叶面或叶背，花梗及花朵上产生点状黑色霉层。霉点密布时连成片状，影响植株的观赏价值。该病害的发生与花株分泌物和介壳虫为害有关，病菌在花株的分泌物和虫体分泌蜜露上生长，引起病害。病原为多主枝孢霉（*Cladosporium harbarum*）。

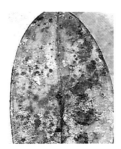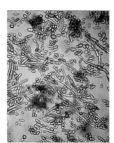

蝴蝶兰叶背煤污病症状　　蝴蝶兰叶面煤污病症状　　多主枝孢霉分生孢子梗及着生分生孢子　　多主枝孢霉分生孢子和菌丝

（2）非洲菊煤污病

病害发生于叶片和花序。发病初期呈散生黑色霉点状物，而后连接成黑色片状霉层。发病的叶片上可以观察到粉虱为害。病原为多主枝孢霉（*Cladosporium harbarum*）。

（3）百合煤污病

叶片上产生黑色点状霉层，严重时全株叶片都密布黑色霉层。该病害的发生与蚜虫为害有关。病原为多主枝孢霉（*Cladosporium harbarum*）。

（4）鹅掌柴煤污病

叶片上产生黑色点状霉层，严重时霉点连成片状，叶片衰退。病原为多主

非洲菊煤污病症状

鹅掌柴煤污病症状

百合煤污病症状

枝孢霉（*Cladosporium harbarum*）。

（5）棕榈类枝孢叶枯病

①夏威夷椰子枝孢叶枯病：病菌主要从叶尖侵染，形成褐色病斑，病斑向下逐渐扩大后产生大面积焦枯。枯死组织灰白色，表面有黑色霉状物，边缘褐色，外围有黄晕。

②鱼尾葵枝孢叶枯病：病菌主要从叶缘侵染，形成褐色病斑，病斑扩大后产生大面积焦枯。枯死组织灰白色，表面有黑色霉状物，边缘褐色，外围有黄晕。

病原为多主枝孢霉（*Cladosporium harbarum*）。

夏威夷椰子枝孢叶枯病症状　　鱼尾葵枝孢叶枯病症状　　多主枝孢霉分生孢子梗

（6）苏铁枝孢叶枯病

病菌从叶尖和叶缘侵染，病斑不断向内扩展导致叶组织大面积枯死，枯死组

 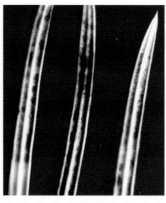 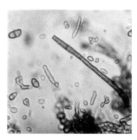

苏铁枝孢叶枯病症状　　苏铁枝孢叶枯病症状（叶背黑色霉层）　　枝孢霉分生孢子梗和分生孢子

织呈灰白色，叶片背面产生黑色霉层。病原为枝孢霉（*Cladosporium* sp.）

2. 发病规律

枝孢霉以菌丝体、分生孢子在病部越冬，通过气流、风雨及蚜虫、粉虱、介壳虫等传播。病菌以花卉植株的分泌物或害虫的分泌物为养分，大量繁殖，在花卉的表面产生大量黑色霉层。高温高湿、通风不良、荫蔽闷热及虫害严重的地方，煤污病发生严重。

3. 防治措施

①健身栽培：加强水肥管理，培育健壮植株，保持合理的种植密度，改善植株间的通风透光条件。

②治虫防病：消灭蚜虫、粉虱、蚧类等害虫是重要防治措施。害虫初发期用 25% 噻嗪酮可湿性粉剂 20~30 克兑水 50~75 千克喷雾，或用 5% 吡虫啉乳油 2000~3000 倍液喷雾。

③药剂防治：病害始发期用 50% 多菌灵可湿性粉剂 500~800 倍液或 70% 甲基硫菌灵 500 倍液喷雾。

（八）镰刀菌根茎腐烂病

镰孢菌（*Fusarium*）引起花卉枯萎病和腐烂病。花卉枯萎病表现为根系腐烂，维管束变褐坏死，叶片自下而上枯黄和萎蔫。腐烂病表现为叶、茎、鳞茎、球茎和花的组织坏死腐烂，病组织常出现白色或粉红色霉层。

1. 诊断实例

（1）兰花枯萎病

发病初期叶片呈现褪绿和失水状，根茎连接处变为暗黑色，随后叶片自下而上变黄枯萎，叶鞘基部腐烂。受害植株假鳞茎先从根盘处变褐，褐变组织向上向内扩展，导致整个假鳞茎坏死，假鳞茎剖面的维管束组织全部变褐坏死。病原为尖孢镰刀菌（*Fusarium oxysporum*）。

墨兰枯萎病症状（假鳞茎基部变黑）

墨兰枯萎病症状（假鳞茎内部变褐）

文心兰枯萎病症状（病组织白色霉层）

文心兰枯萎病症状（茎基部变黑腐烂）

蝴蝶兰枯萎病症状（茎基部变黑，叶枯黄）

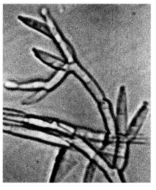
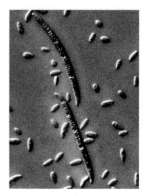

大花蕙兰枯萎病症状（茎基部变黑）

尖孢镰孢菌分生孢子梗

尖孢镰孢菌大型分生孢子和小型分生孢子

（2）非洲菊枯萎病

病害发生于花卉成株期和开花期。病菌从根系侵染，并向茎部维管束组织扩展。病株根系坏死腐烂，茎部维管束组织变褐坏死，茎基部呈黑褐色，叶片自下而上黄化枯萎。潮湿条件下茎基部坏死组织有白色或粉红色霉状物。病原为尖孢镰刀菌（*F. oxysporum*）。

非洲菊枯萎病症状

非洲菊枯萎病根颈部产生白霉

（3）凤仙花枯萎病

病害主要发生于花卉成株期。病株根系坏死腐烂，茎部维管束组织变褐坏死，植株萎蔫；茎基部变黑褐色，软化倒折，叶片自下而上黄化枯萎。病原为尖孢镰刀菌（*F. oxysporum*）。

凤仙花枯萎病症状

（4）绣球花枯萎病

病株根系坏死，茎部维管束组织变褐，叶片黄化枯萎，全株萎蔫。病原为尖孢镰刀菌（*F. oxysporum*）。

（5）郁金香枯萎病

郁金香枯萎病又称郁金香基腐病，病害主要发生于成株期至开花期。发病植株地上部呈叶片褪绿、黄化或紫色，后期叶片枯萎；病株抽出的花瘦小、畸形，早凋萎。病菌从根系侵染，逐渐向根盘和鳞茎内部组织扩展；染病鳞茎外部鳞片上产生暗褐色水渍状斑点或斑块，

绣球花枯萎病症状

潮湿时病部生出白色或粉红色霉层。鳞茎内部组织和花轴维管束变褐坏死，后期鳞茎腐烂。病原为尖孢镰刀菌（*F. oxysporum*）。

郁金香枯萎病田间症状

郁金香枯萎病症状（根盘和花轴黑腐）

（6）加拿利海枣枯萎病

病菌从根和根盘部侵染，引起树干维管束变褐坏死。叶片自下而上变黄褐色，后期叶片和叶柄呈褐色枯萎。病原为尖孢镰刀菌（*F. oxysporum*）。

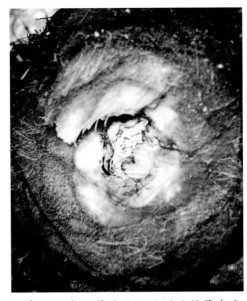

加拿利海枣枯萎病症状（叶片自下而上枯黄）

加拿利海枣枯萎病症状（树干维管束变褐坏死）

（7）加拿利海枣心腐病

成株期和苗期均可发病。病菌从新叶和心叶的叶柄基部侵染，引起叶柄腐烂和叶片枯萎。叶柄和心叶基部腐烂后叶片倒折脱落，腐烂组织表面产生白色

加拿利海枣心腐病症状（新叶枯萎）

加拿利海枣心腐病症状（新叶腐烂倒折）

海枣镰刀菌心腐病症状（腐叶上的霉状物）

霉层。心腐病与枯萎病的主要区别：心腐病表现为心叶和新叶叶柄腐烂枯萎，枯萎病表现为叶片自下而上逐渐枯黄；心腐病表现为根系正常，枯萎病表现为烂根和茎维管束变褐坏死。病原为腐皮镰刀菌（*Fusarium solani*）。

腐皮镰刀菌分生孢子

（8）百合茎腐病

病菌从鳞茎根盘部侵染时，呈全株性发病，鳞茎根盘和球瓣出现褐色坏死或腐烂，造成鳞片散落；病鳞茎植株生长缓慢，叶片褪绿黄化或变紫，植株矮小畸形，花茎少且小。病菌侵染地上部时，病植株茎秆、叶片或花序枯死腐烂，发病初期产生黄褐色水渍状病斑，病斑扩大后变黑腐烂，全株叶片脱落或枯死。病原为镰刀菌（*Fusarium* sp.）。

（9）苏铁心腐病

苏铁心腐病又称苏铁枯心病。新抽出羽叶叶柄变褐坏死，最后全叶枯死，形成枯心状。病原为镰刀菌（*Fusarium* sp.）。

百合茎腐病症状

苏铁心腐病症状

（10）凤梨叶腐病

在叶片基部产生椭圆形或不规则形病斑，病斑中部褐色、边缘深褐色，外围有黄色晕圈。后病斑扩大或相互愈合，导致腐烂。内层叶片和新生叶易感病，受害严重。病原为腐皮镰刀菌（*Fusarium solani*）。

（11）富贵籽茎腐病

病菌侵染根和茎基部，根系或茎基部发病后表皮变黑腐烂、皮层脱落，最后导致整株萎蔫枯死。病原为镰刀菌（*Fusarium* sp.）。

（12）富贵竹茎腐病

在茎上产生淡色椭圆形水渍状病斑，病斑扩展导致大面积腐烂，上部叶片萎蔫。病斑上有灰白色霉层。病原为镰刀菌（*Fusarium* sp.）。

凤梨新叶叶腐病症状

富贵籽茎腐病症状

富贵竹茎腐病症状

富贵竹茎腐病症状（霉状物）

（13）紫罗兰茎腐病

全株性发病，初期下部叶片叶脉褪绿黄化，逐渐向上发展。高温高湿条件下出现急性型萎蔫，新叶和嫩叶变褐腐烂，茎部维管束组织变褐坏死，全株凋萎。病原为尖孢镰刀菌（*Fusarium oxysporum*）。

紫罗兰茎腐病症状

红掌根腐病症状（根颈部腐烂）

（14）红掌根腐病

病株根系坏死，根茎部变褐腐烂，叶片黄化，全株萎蔫。病原为腐皮镰孢（*F. solani*）。

（15）红掌花腐病

佛焰花序变色，花蕊变褐腐烂，产生白色霉状物。病原为镰孢菌（*Fusarium* sp.）。

（16）蝴蝶兰枝枯病

病害发生于开花期，花梗和枝条变褐枯死，花蕾脱落。病原为镰孢菌（*Fusarium* sp.）。

红掌花腐病症状

蝴蝶兰枝枯病症状

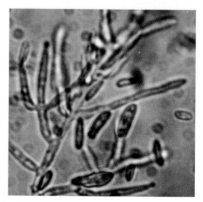

镰孢菌分生孢子梗和分生孢子

（17）仙人掌类茎腐病

病菌从嫁接仙人掌的砧木与接穗嫁接处侵染。砧木嫁接口先发病，发病处腐烂组织呈黄褐色水渍状，并向下扩展，后期干瘪萎缩。接穗嫁接口染病，腐烂组织向上扩展；接穗外观呈暗淡水渍状，内部组织变色坏死，最后接穗球茎腐烂萎缩。病原为镰孢菌（*Fusarium* sp.）。

芙蓉峰茎腐病症状（嫁接部腐烂）

山吹（金阁）茎腐病症状（接穗嫁接部腐烂

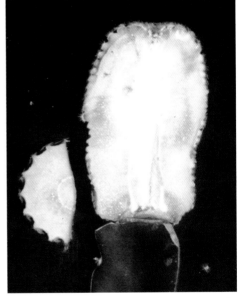

山吹（金阁）茎腐病症状（接穗内部腐烂）

（18）金琥基腐病

球茎基部和根系变褐腐烂，球茎褪绿、黄化和萎缩。苗床上病株呈片状分布，有发病中心，出现病株和死株。病原为镰孢菌（*Fusarium* sp.）。

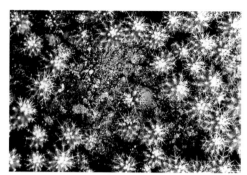

金琥基腐病症状(球茎基部和根系腐烂) 金琥基腐病苗床症状

2. 发病规律

镰刀菌枯萎病和茎腐病的病原菌主要以菌丝、厚垣孢子、菌核在土壤和病株残体上越冬，成为下年初侵染源；条件适宜时产生分生孢子，借气流和雨水溅射传播和侵染。带菌种苗是病害远距离传播的主要途径。高温高湿有利病害发生，土质黏重、地势低洼、排水不良、土质偏酸和连年种植花卉的土壤发病重。花株根、茎遭受螨类、害虫、线虫等侵染为害，以及出现各种机械伤口时，易诱发病害。

3. 防治措施

①选用和培育无病苗：种植时要认真选用无病种苗。用无病土和其他干净的栽培基质制成营养袋、营养钵或穴盘进行育苗。

②健身栽培预防病害：使用优良的栽培基质或无病土壤，避免用旧土或病地种植；合理施用肥料，避免偏施氮肥；保持基质湿润，避免过度浇水；合理密植，保持花卉株间的通风透光；加强对害虫的防治，减少伤口；鳞茎或球茎花卉要适时留种，采收时避免高温、日灼和伤口。

③清除菌源和药剂防治：消灭发病中心，发现病株及时清除销毁。留种鳞球茎处理：鳞茎挖出 2 天内，置于 45% 噻菌灵悬浮剂 500~800 倍液中浸泡 15~30 分钟，晾干后储藏于通风良好处。发病初期用 50% 多菌灵可湿性粉剂 800 倍液，或 70% 甲基硫菌灵可湿性粉剂 800~1000 倍液，或 70% 恶霉灵可湿性粉剂 800~1000 倍液淋浇在植株根围。仙人掌类花卉嫁接时刀片和嫁接口用 75% 酒精消毒。

（九）菌核病、白绢病

菌核病的病原为核盘菌（*Sclerotinia* sp.）。病害主要发生于成株期，病菌从植株根颈部和茎基部侵染，引起植物组织产生水渍状软腐。发病部位产生白色至灰白色菌丝体，逐渐形成白色菌丝团组织，而后转变为圆形、圆柱形或不规则形的黑色菌核。发病组织可以向上扩展，侵染上部枝条、叶片、花和花梗，导致枯枝、落叶、花腐等症状。

白绢病病原为小核菌（*Sclerotium* sp.）。病害主要发生于植株近地面的茎基部和根颈部。受害部位被覆白色绢状菌丝层，上生白色、黄白色或褐色球形小菌核。木本花卉一般在近地面的根颈处开始发病，病部先呈褐色而后皮层腐烂，受害植物叶片失水凋萎、枯死脱落，植株生长停滞，花蕾发育不良，僵萎变红。多肉植物、君子兰和兰花等则发生于茎基部和地下肉质茎处。球茎和鳞茎花卉，病害发生于球茎和鳞茎上。

1. 诊断实例

（1）非洲菊菌核病

非洲菊菌核病又称非洲菊颈腐病。病害从茎基部发生，使茎杆腐烂。发病初期呈现水渍状软腐、褐色，后逐渐向茎和叶柄处蔓延，引起叶片萎蔫。病部表面有白色菌丝体，后期产生黑色鼠粪状菌核。病原为大豆核盘菌（*Sclerotinia libertiana*）。

非洲菊菌核病症状

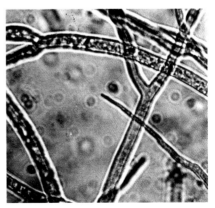

大豆核盘菌菌丝

（2）龙骨木菌核病

病害发生于茎秆基部。发病初期病部呈现黄褐色水渍状软腐，逐渐向茎秆上部扩展，最后导致整条茎秆腐烂。腐烂茎秆变黑、干枯，表面有白色菌丝体和黑色粒状菌核。病原为大豆核盘菌（*Sclerotinia libertiana*）。

龙骨木菌核病症状

（3）兰花白绢病

①国兰白绢病：花株茎基部呈黄色水渍状腐烂，腐烂部先产生白色绢状菌丝层，后期产生黄褐色球形小菌核，病株基部断折、猝倒。

②蝴蝶兰白绢病：接近基质表面的茎基部变黄，呈水渍状，后转为褐色到黑褐色坏死腐烂，最后导致花株枯死。腐烂组织表面有白色绢状菌丝体覆盖，后期产生白色至褐色球形小菌核。

③文心兰白绢病：发生于茎基部，呈黄褐色水渍状腐烂，表面有白色绢状菌丝体，后期形成白色至褐色球形小菌核。

国兰白绢病症状

蝴蝶兰白绢病症状

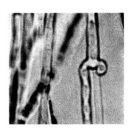

齐整小核菌菌丝

文心兰白绢病症状

文心兰白绢病患株上的白色绢状菌丝

培养基上齐整小核菌菌丝体和小菌核

病原为齐整小核菌（*Sclerotium rolfsii*）。

（4）菊花白绢病

菊花白绢病在成株期为害根颈部及茎基部，引致根腐、茎基腐。茎和茎基部染病后，病部表皮坏死腐烂，上部茎秆枯黄，叶片脱落，病部长出白色疏松菌丝体，菌丝体上形成白色至褐色球状小菌核。病原为齐整小核菌（*Sclerotium rolfsii*）。

（5）凤仙花白绢病

凤仙花白绢病为害植株根茎及果实，引起猝倒、根腐、基腐和果腐。发病初期，感病植株基部产生褐黑色湿腐，以后产生白色绢状菌丝体，并形成油菜籽大小的菌核，重病植株发生猝倒。病原为齐整小核菌（*Sclerotium rolfsii*）。

菊花白绢病症状

凤仙花白绢病症状

百合白绢病症状

（6）百合白绢病

病害发生于植株鳞茎部，影响百合的发育，降低经济价值。受害鳞茎部产生暗褐色水渍状病斑，后期呈褐色腐烂。病茎基部缠绕白色菌索或产生菜籽状茶褐色小菌核，病株下部叶片变黄脱落，导致全株枯萎。病原为齐整小核菌（*Sclerotium rolfsii*）。

（7）三角柱白绢病

三角柱茎基表皮变黄呈水渍状腐烂，后期腐烂部产生白色菌丝和茶褐色小菌核。病原为齐整小核菌（*Sclerotium rolfsii*）。

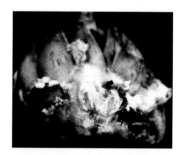

百合白绢病病部绢状菌丝体

2. 发病规律

菌核病和白绢病都以菌核或菌丝遗留在土中或病残体上存活，在高温高湿的条件下易发生。连年种植花卉的田地，或使用旧土病土或基质栽培花卉时病害严重。菌核病的菌核萌发产生子囊盘和子囊孢子，子囊孢子借气流传播侵染衰老的叶片和花

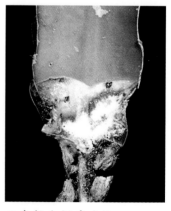

三角柱白绢病症状

瓣，然后再侵染较健康的组织和器官。田间传播主要通过病健植株或组织接触，由患病组织上的白色菌丝传染。白绢病的菌核萌发后产生菌丝，从寄主根部或近地表茎基部侵入，在发病部位产生白色绢丝状菌丝体，并向四周扩散，侵染邻近的植株。在田间，病菌主要通过雨水、灌溉水、肥料及农事操作等传播蔓延。

3. 防治措施

①选用净土栽培：注意选择栽种地或土壤。田地种植花卉时不要用发病的地块，避免连作；也不要与易感染菌核病和白绢病的作物，如辣椒、茶苗、南瓜、花生等轮作。盆栽或育苗时选用新鲜土壤和栽培基质。

②清除和隔离侵染源：彻底清除植株下部的枯黄叶和落花残瓣，及时清除病株、病枝、病叶和病花，并带出田间烧毁或深埋。塑料大棚等设施花卉要注意室内通风和排湿。

③药剂防治：发病初期选用 50% 腐霉利可湿性粉剂 1500 倍液、40% 菌核净可湿性粉剂 1000 倍液、50% 乙烯菌核利水分散剂 1000 倍液喷施。防治菌核病可以全株喷施，防治白绢病重点喷施植株中下部。田间始病期开始喷药，隔 7~10 天 1 次，共 2~3 次。

（十）斑枯病

由真菌侵染引起的叶斑病、叶枯病和茎枯病，其症状多样，主要诊断特征是在病斑或枯死组织上会产生霉状物或点状物。叶斑病主要发生于叶片，斑点颜色以黑色和褐色居多，形状有圆形、近圆形、梭形或不规则形，病斑有时具轮纹；叶枯病其病菌从叶尖和叶缘侵染，引起叶片组织大面积焦枯，也可以由多数病斑相互愈合形成大面积焦枯；茎枯病多数是由病斑扩大或多个病斑相互愈合导致茎枯死。

1. 诊断实例

（1）樱花褐斑穿孔病

樱花褐斑穿孔病又称樱花褐斑病。病菌主要侵染叶片，有时也侵染嫩梢。发病初期，感病叶面出现针尖大小的斑点，斑点紫褐色，后逐渐扩大形成圆形或近圆形大斑。病斑褐色至灰白色，病斑边缘紫褐色。发病后期病斑上产生灰褐色点状物，即病菌的分生孢子及分生孢子梗。最后病斑中部干枯脱落，呈穿孔状，穿孔边缘整齐。发病严重时，叶片布满孔洞，引起落叶。病原为核果尾孢菌（*Cercospora circumscissa*）。

樱花褐斑穿孔病症状

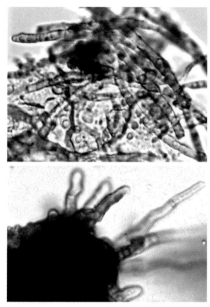

核果尾孢分生孢子（上）、分生孢子梗（下）

（2）龙船花褐斑病

病菌侵染叶片，发病初期叶面出现黄色枯斑，病斑逐渐扩大形成轮纹状圆形或近圆形斑。病斑中部灰白色，边缘褐色，外围有黄晕。后期病斑上产生黑色点状物，即病菌的分生孢子及分生孢子梗。病原为尾孢菌（*Cercospora* sp.）。

龙船花褐斑病症状

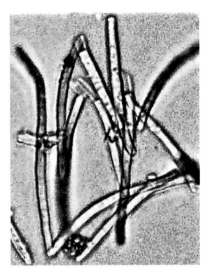

龙船花褐斑病病斑形状　　　　　　尾孢菌分生孢子

（3）海芋褐斑穿孔病

病害发生于叶片，病斑初期为紫褐色小点，后扩大成圆形、近圆形，淡红褐色。发病后期病斑上出现灰褐色霉点，病斑脱落后形成穿孔。病原为海芋尾孢（*Cercospora .alocasiae*）。

海芋褐斑穿孔病症状　　　　　　　海芋褐斑穿孔病症状

（4）凤仙花褐斑病

凤仙花褐斑病又称凤仙花叶斑病，主要发生于叶片上。病斑初期为淡褐色小点，后逐渐扩展成圆形或近圆形，中央变成淡褐色，边缘深褐色，具有不明显的轮纹，上生灰黑色霉点。病斑可数个相连，病斑密集时导致叶片变得枯焦。病原为福士尾孢（*Cercospora fukusiana*）。

凤仙花褐斑病症状

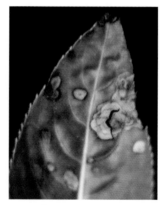

凤仙花褐斑病病斑

福士尾孢分生孢子梗和分生孢子

（5）棕榈类褐斑病

病菌侵染叶片产生病斑，病斑初期小，近圆形，黑褐色，后期病斑扩大，中央灰白色、边缘深褐色，上面产生黑色点状物。

①瓔珞椰子褐斑病：初期叶面上产生针头状小褐点，病斑扩大后呈灰白色、

瓔珞椰子褐斑病症状

青棕褐斑病症状

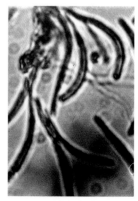

油棕尾孢菌分生孢子

边缘褐色，近圆形，或多个病斑相连形成斑块。

②青棕褐斑病：病菌从叶尖和叶缘侵染形成叶枯，叶面病斑初期为黑色小点，扩大后中部呈灰白色，边缘暗黑色。

病原为油棕尾孢（*Cercospora elaedis*）。

（6）绣球花褐斑病

病斑发生于叶片，初期为褐色小点，逐渐扩大为近圆形至多角形大斑。病斑中央褐色至灰褐色、略有轮纹、有灰黑色霉点，边缘深褐色，外缘有黄色晕圈。数个病斑可互相连合为大斑块，致叶片局部或全叶干枯。病原为绣球花尾孢（*Cercospora hydrangeae*）。

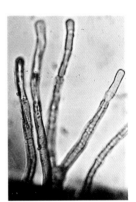

绣球花褐斑病症状　　　　　绣球花褐斑病病斑　　　　　绣球花尾孢分生孢子梗

（7）非洲菊黑腐病

病菌侵染花蕊或花朵时，引起病部变黑腐烂，导致花腐和花朵凋萎。侵

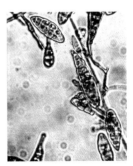

非洲菊全株黑腐病症状　　　　非洲菊花朵黑腐病症状　　　链格孢菌丝、分生孢子梗、分生孢子

染叶片时，形成红褐色病斑。病原为链格孢（*Alternaria tenuissima*）。

（8）唐印黑斑病

病害发生于肉质叶。病斑初期呈褐色小点，逐渐扩大为圆形或近圆形、深褐色病斑，病斑凹陷、表面呈轮纹状，后期病斑上散生黑色小霉点。病原为链格孢（*Alternaria* sp.）。

唐印黑斑病症状

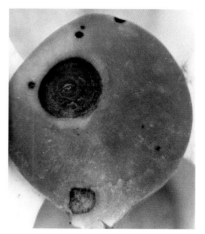

唐印黑斑病病斑

（9）璎珞椰子黑斑病

病斑初期为黑褐色小点，扩大后病斑中部灰白色，边缘深褐色，病斑上的黑色小霉点。病原为链格孢（*Alternaria* sp.）。

（10）茶花灰斑病

病菌侵染茶花花蕾、花枝和叶片。花蕾受害后外围花萼和花瓣产生灰色病斑，导致花萼腐烂脱落，花蕾枯死；花枝受害后病斑绕茎扩展，皮层坏死，呈灰白色，上生小黑点，坏死组织边缘呈褐色。病原为茶褐斑拟盘多毛孢（*Pestalotiopsis guepini*）。

璎珞椰子黑斑病症状

茶花灰斑病症状

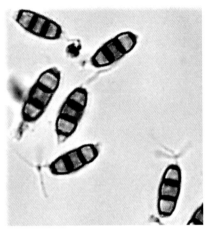

茶褐斑拟盘多毛孢分生孢子

（11）杜鹃花叶枯病

杜鹃花叶枯病也称杜鹃花灰斑病。病害多从叶尖或叶缘开始发生，病斑向下和向内扩展，形成大面积焦枯。枯死组织呈灰褐色，上生黑色粒点，病斑边缘深褐色。病害严重时导致大量落叶，植株生长衰退。病原为拟盘多毛孢（*Pestalotiopsis* sp.）

（12）红枫叶斑病

病菌为害叶片，形成不规则的黄色枯

杜鹃花叶枯病症状

红枫叶斑病症状

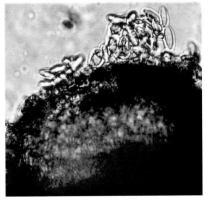

壳梭孢分生孢子器和分生孢子

斑，上生小黑点。病原为壳梭孢（*Fusiccocum* sp.）。

（13）国王椰子褐纹病

病菌为害叶片、叶柄和茎干，块状病斑呈淡褐色云纹状，稍隆起，上生小黑点。病斑外缘暗绿色、油渍状。病原为拟茎点霉（*Phomopsis* sp.）。

（14）散尾葵叶枯病

病害发生于叶尖部，病斑向下扩展导致叶组织大面积坏死焦枯。枯死部呈灰黑色，上生小黑点，边缘呈褐色，外缘有黄晕。病原为拟茎点霉（*Phomopsis* sp.）。

（15）仙人球茎枯病

病害发生于肉质球茎，病菌从棱刺基础部侵染，初期产生褐色小点，后扩大为圆形、近圆形病斑，病斑内部呈灰白色，小黑点呈轮状排列，边缘隆起、褐色。病斑扩大后相互连接，引起球茎腐烂萎缩。病原为茎点霉（*Phoma* sp.）。

国王椰子褐纹病症状

散尾葵叶枯病症状

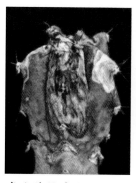

魔头茎枯病症状

魔头茎枯病病斑

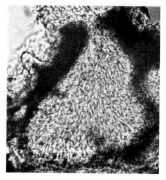

茎点霉分生孢子器

（16）富贵竹鞘枯病

病菌主要危害叶鞘。叶鞘变褐坏死，并引起上部叶片焦枯。坏死的叶鞘组织灰白色，病组织上产生密集的黑色小粒点。病原为茎点霉（*Phoma* sp.）。

 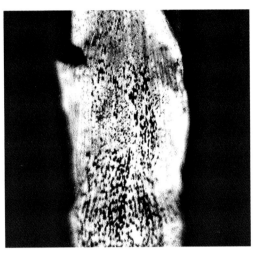

富贵竹鞘枯病症状　　　　　　　　富贵竹枯鞘上的小黑点

（17）苏铁叶枯病

病害主要发生在新羽叶，引起叶尖和叶缘焦枯。病斑初期为黄色，逐渐变为

  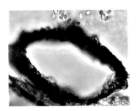

茎点霉分生孢子和分生孢子器

苏铁叶枯病症状　　　　苏铁羽叶叶枯病症状　　　茎点霉有性态小球腔菌子囊和子囊孢子

黄褐色。后期病斑的老化组织呈灰白色，边缘红褐色，外缘有黄色晕带。灰白色病组织上产生黑色小粒点。羽片叶尖枯焦而折断，严重时仅存叶柄。病原为茎点霉（*Phoma* sp.），有性态为小球腔菌（*Leptospharia* sp.）。

（18）文心兰叶斑病

病菌为害叶片和假鳞茎。染病叶片初现褪绿黄色斑块，产生褐色小斑点，褐色斑扩大后中央变白色，边缘深褐色，外缘有黄色晕圈。白色组织上出现小黑点。病斑密集时会使叶片焦枯。病原为兰叶点霉（*Phyllosticta cymbidii*）。

文心兰叶斑病症状

（19）凤梨叶斑病

病害主要发生在叶片上，病斑可发生于叶面、叶尖和叶缘。病斑圆形或近圆形，中心灰白色，边缘淡紫褐色，病部生黑色小粒点。病斑发生于叶尖，向下扩展后导致叶尖枯焦和折断。病原为叶点霉（*Phyllosticta* sp.）。

凤梨叶斑病症状

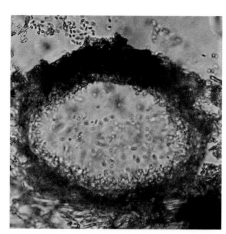

叶点霉分生孢子器

（20）栀子花叶斑病

病菌主要为害叶片。病斑能穿透叶片正面和背面。病斑在叶面为黄色小斑，后期中间淡褐色，边缘黄色；病斑相对的叶背面呈暗绿色圆形，后期中部灰白色、边缘暗绿色、水渍状。病原为栀子生叶点霉（*Phyllosticta gardeniicola*）。

栀子花叶斑病症状

栀子花叶斑病叶背症状

栀子花叶斑病叶面症状

（21）菊花褐斑病

菊花褐斑病又称菊花斑枯病。病菌为害叶片，发病初期叶上出现淡褐色斑点，

菊花全株褐斑病症状

菊花叶片褐斑病症状

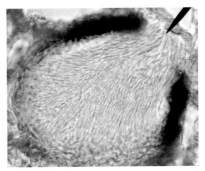

菊壳针孢分生孢子器

后逐渐扩大。病斑圆形、近圆形，中央黄褐色，边缘深褐色。病斑常汇合成大斑块并布满叶面，导致叶片枯死；病斑上有同心轮纹状排列的黑色小点。病原为菊壳针孢（*Septoria chrysanthemella*）。

（22）非洲菊褐斑病

非洲菊褐斑病又称非洲菊斑枯病。病菌为害叶片，病斑圆形、椭圆形或不规则形，深褐色至黑色，外缘有褪绿圈或黄晕。病斑常汇合成大斑块并布满叶面，严重时叶片枯死。病原为钝头壳针孢（*Septoria obesa*）。

（23）非洲菊叶枯病

病菌为害叶片。病斑多数发生于叶缘，不规则形，褐色（边缘深褐色），外缘褪绿或有黄晕。多个病斑汇合引起叶缘大面积焦枯，上面密生小黑点。病原为菊科壳二孢（*Ascochyta compositarum*）。

非洲菊褐斑病症状

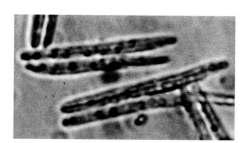

钝头壳针孢分生孢子

非洲菊叶枯病症状

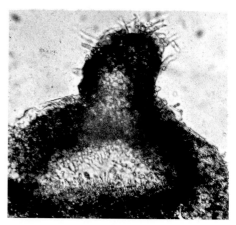

菊科壳二孢分生孢子器

（24）茶花枝枯病

病菌侵染枝条，发病初期在中上部半木质化枝干的近基部产生浅褐色至褐色长椭圆形病斑，后环绕茎扩展，导致枝干枯死。枯死组织皮层坏死、稍凹陷，初期呈淡褐色，后期转为灰褐色，上生小黑点，坏死组织边缘呈褐色。发病枝条的花蕾枯死，叶芽萎缩。病原为大茎点菌（*Macrophoma* sp.）。

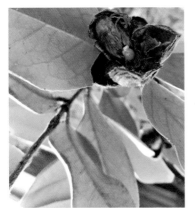

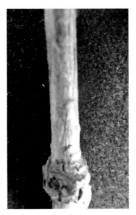

茶花枝枯病症状　　　　茶花枝枯病症状（花蕾　　茶花枝枯病症状
　　　　　　　　　　　　凋萎）　　　　　　　　（枯枝）

（25）凤梨灰斑病

凤梨灰斑病主要为害中下部叶片，多数从叶片基部的叶缘开始发病。发病初期叶面着生褪绿病斑，扩展后病斑为椭圆形或长椭圆形、淡褐色；发病后期病斑中央为灰褐色，边缘为褐色，上生黑色小点粒，病斑外缘有狭窄的黄色晕带。病斑汇合成片，导致叶片枯黄。病原为球腔菌（*Mycosphaerella* sp.）。

（26）君子兰叶斑病

病害发生于叶片，病斑初期为黄色小圆点，逐渐转为稍隆起的褐色圆形斑，后期病斑呈灰褐色凹陷状，上生小黑点。病原为球腔菌（*Mycosphaerella* sp.）。

凤梨灰斑病症状

  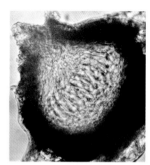

君子兰叶斑病症状　　　君子兰叶斑病症状（不　　球腔菌子囊座
　　　　　　　　　　　　同时期的病斑）

（27）富贵竹褐斑病

病菌主要为害叶片，发病时叶缘和叶尖出现淡黄色的水渍状病斑，病斑逐渐扩大后呈褐色，中央灰白色，上生小黑点，外缘有较宽的黄晕带。病重时数个病斑愈合引起叶片枯焦。病原为球腔菌（*Mycosphaerella* sp.）。

富贵竹全株褐斑病症状　　　　　　富贵竹叶片褐斑病症状

（28）龙船花叶枯病

病害发生于叶片，苗期和花期均可发生。初期叶缘和叶尖出现黄褐色病变组织，病组织逐渐转变为灰白色并向叶面扩展，形成半圆形或不规则的大枯斑。枯斑呈灰白色，有轮纹，上生小黑点，边缘深褐色，外缘有细黄晕带。病重时数个病斑愈合后引起叶片枯焦。病原为囊孢壳（*Physalospora* sp.）。

龙船花全株叶枯病症状（前期）　　龙船花叶枯病症状（苗期）　　龙船花叶枯病症状（后期）

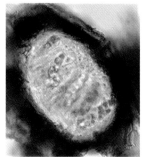
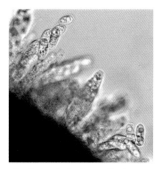

龙船花叶片叶枯病症状　　囊孢壳子囊壳　　囊孢壳子囊和子囊孢子

（29）一品红叶斑病

病菌主要为害叶片，初期病斑小，黄色近圆形，后病斑逐渐扩大为不规则的褐色斑。病害严重时病斑布满叶片，引起叶片枯焦。病原为格孢腔菌（*Pleospora* sp.）。

2. 发病规律

叶斑病和叶枯病的病原多数为半知

一品红叶斑病症状

菌类的丝孢纲和腔孢纲真菌，部分产生有性世代为子囊菌。病菌以分生孢子或菌丝在病残体上存活，分生孢子借风、雨传播，从气孔、皮孔、伤口或表皮侵入，田间可多次再侵染。病菌易侵染老叶片和衰弱的组织，基质或叶片积水、水肥管理不善、植株生长衰弱时易发病。种植密度或盆花摆放密度过大、通风透光不良，适温高湿，有利病害发生和流行。

3. 防治措施

①健身栽培：施足基肥，增施有机肥和磷钾肥，使用优良栽培基质，培育健壮植株。合理密植，注意通风透光，降低株间和小气候湿度。

②清除菌源：及时摘除衰败叶和脚叶，清除并销毁死株、枯枝、病叶，病果。

③药剂保护：在发病初期选用 1.5% 噻霉酮水乳剂 1000 倍液、 50% 咪鲜胺锰盐可湿性粉剂 2000 倍液、25% 苯醚甲环唑乳油 1000~1500 倍液，隔 7~10 天 1 次，连续 2~3 次。

（十一）腐烂病

半知菌类真菌能引起花卉茎腐病和心腐病等腐烂病害，其显著的诊断特征是病组织变色腐烂，腐烂部具有霉层。茎腐病导致茎、球茎、鳞球茎等组织坏死腐烂，地上部生长不良或枯死；心腐病导致茎干中心组织坏死腐烂，植株生长不良、矮化和萎缩。

1. 诊断实例

（1）水仙花鳞茎褐腐病

水仙花成熟期和贮藏期鳞茎均可发病。成熟的水仙花在高湿的条件下易发病，发病初期鳞茎表面出现褐色坏死斑，病斑逐渐扩大，并腐烂。腐烂组织为深褐色，鳞片间出现一层灰色或灰白色的菌丝层。水仙花鳞茎根盘部位发病时，先出现褐色坏死腐烂斑块，坏死组织上的病菌向鳞茎内部蔓延，导致鳞茎内部的鳞腐烂，腐烂组织呈褐色，后期出现灰黑色霉层。鳞茎采收时，鳞茎组织受伤也会引起病害，鳞茎变褐腐烂，形成干腐，呈海绵状。病原为坏损柱孢（*Cylindrocarpon destructan*）。

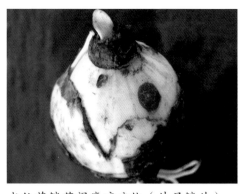

水仙花鳞茎褐腐病症状（外层鳞片）

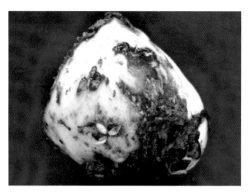

水仙花鳞茎褐腐病症状（根盘部）

水仙花鳞茎褐腐病症状（内部）

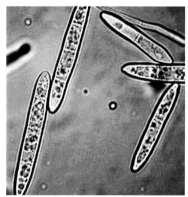

坏损柱孢分生孢子

（2）非洲菊基腐病

病菌为害非洲菊根、根颈和茎基部。发病时茎基部和根颈部产生黑色病斑，

非洲菊基腐病症状

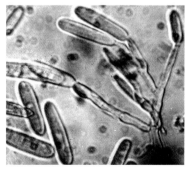

坏损柱孢分生孢子梗、分生孢子及其着生状态

后期腐烂，根系变黑腐烂。病株萎蔫，严重发病的植株其根颈部腐烂，上部植株倒折。病原为坏损柱孢（*Cylindrocarpon destructan*）。

（3）仙人球茎腐病

病害发生于球茎，病菌从梭刺基部侵染，产生褐色小斑，病斑逐渐扩大引起球茎腐烂。腐烂组织呈褐色或黑色，凹陷，皱缩，上生黑色霉状物。病原为凸脐蠕孢（*Exserohilum* sp.）。

 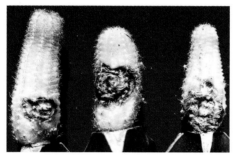 

黄菠萝茎腐病症状　吹上茎腐病症状　　　　　　凸脐蠕孢分生孢子

（4）橡胶榕茎腐病

病菌为害新叶和茎引起腐烂，新叶和叶芽变黑腐烂、脱落；茎基部变黑腐烂，易折断。腐烂组织产生漆状斑块。病原为湿露漆斑菌（*Myrothecium roridum*）。

 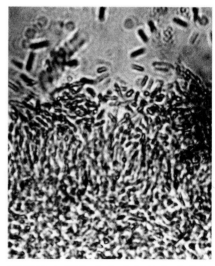

银边橡胶榕茎腐病症状（芽腐）　　　　湿露漆斑菌分生孢子和分生孢子梗

（5）鹿角蕨焦腐病

病害发生于苗期，叶片基部和心叶产生黄褐色枯死斑。病斑逐渐扩大形成褐色焦腐，叶片失水、叶缘枯焦，最后全株枯死。焦腐斑上产生黑色斑块，即病菌的分生孢子座。病原为漆斑菌（*Myrothecium roridum*）。

（6）丝葵萎缩病

丝葵苗期发病表现为植株矮小，叶片小，新叶产生褐色斑和腐烂；树干基部的横切面中心组织大面积变黑坏死。病原为奇异根串珠霉（*Thielaviopsis paradoxa*）。

鹿角蕨焦腐病症状

丝葵萎缩病症状

丝葵萎缩病症状（树干中心变黑腐烂）

2. 发病规律

病菌以子座、厚垣孢子或菌丝在病残体上存活，分生孢子借风、雨、水流、土壤传播。病菌易从伤口侵染，植株生长衰弱、虫害发生严重、通风透光不良、适温高湿时有利病害发生和流行。

3. 防治措施

①健身栽培：施足基肥，增施有机肥和磷钾肥，使用优良洁净的栽培基质，

农事操作时要尽量减少对植株及根系的伤害。

②清除菌源：及时清除和销毁病株，对病土进行消毒处理，不用病穴重种。

③药剂保护：发病初期选用1.5%噻霉酮水乳剂1000倍液、50%咪鲜胺锰盐可湿性粉剂2000倍液、25%苯醚甲环唑乳油1000~1500倍液灌根（鳞茎、球茎）或喷施防治，隔7~10天1次，连续2~3次。

（十二）花卉细菌性病害

花卉常见的细菌性病害有青枯病、软腐病、叶斑病、叶枯病。

青枯病通常发生于成株期和开花期。病害发生速度快，呈全株急性凋萎，茎叶保持青绿，叶片不凋落；病茎维管束变褐色，用手挤压茎横切面会溢出白色菌脓。简易观察，可将茎剖开浸泡于少量清水中，经15~20分钟之后水变混浊，表明有细菌逸出。

软腐病发生于植物的多汁或肉质组织，引起水渍状腐烂，并有恶臭味。

叶斑病和叶枯病主要发生于叶片。细菌性斑点通常在病斑周围呈水渍状或油渍状，病斑外缘有黄色晕圈；有些细菌从茎维管束侵染，导致大量落叶。细菌性叶斑病和叶枯病的诊断，除观察症状外，还可以通过喷菌观察进行辅助诊断。喷菌观察方法：于病健交界处切取小块病斑组织，放在载玻片上的水滴中，加盖玻片轻压后，于显微镜低倍视野下检查。如病原为细菌，则切口处有大量细菌呈雾状溢出。

1.诊断实例

（1）百日菊青枯病

百日菊青枯病在田间发生有明显发病中心。病株根颈变黑褐色腐烂，叶片失水萎蔫，花朵凋萎；纵剖病株茎部，可见维管束变褐坏死，有菌脓溢出；根颈横切面可见乳白色或黄褐色细菌黏液溢出，菌液呈胶状。病原为青枯劳尔氏菌（*Ralstonia solancearum*）。

百日菊青枯病田间发病中心

百日菊青枯病症状（青枯萎蔫）　百日菊青枯病症状（茎基变黑缢缩）　百日菊青枯病症状（维管束褐变坏死，有菌脓）

（2）菊花青枯病

菊花苗期和成株期均可发生青枯病。幼苗期感病后，植株根颈变褐腐烂，以致倒伏；生长盛期的植株感病后，通常地上部位叶片突然失水干枯下垂，根部变褐腐烂，最后整株枯死。用刀横切茎或根，可见乳白色或淡黄色细菌黏液溢出；纵切茎干，可见维管束变褐坏死。病原为青枯劳尔氏菌（*Ralstonia solancearum*）。

菊花青枯病症状（根颈变褐腐烂）　　　菊花青枯病症状（叶片干枯）

（3）榕树细菌性叶斑病

榕树细菌性叶斑病又称榕树叶枯病、榕树叶腐病，为害榕树叶片，嫩叶感病。发病初期叶面出现褪绿黄斑，病斑逐渐扩展为黑褐色不规则形斑，边缘深褐色凹陷，外围有黄色晕圈。病斑背面呈黄色水渍状，后期变褐。数个病斑可相互连接，引起叶枯和落叶。病原为黑腐黄单胞杆菌（*Xanthomonas campestris*）。

黄金榕细菌性叶斑病症状

印度榕细菌性叶斑病症状

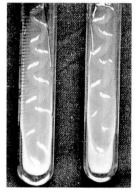

黑腐黄单胞杆菌菌落

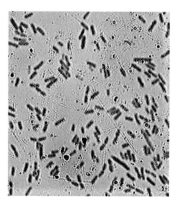

革兰染色

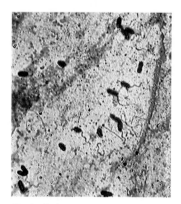

鞭毛染色

（4）红掌细菌性叶斑病

红掌毁灭性病害。症状有两类：一种是叶枯型，叶尖和叶缘背面初期为水渍状斑点，病斑逐渐扩大后呈褐色不规则枯斑，病斑周围有黄色晕环。另外一种是斑点型，初期叶背产生暗绿色小斑点，病斑逐渐扩大形成黑色病斑，边缘水渍状；病斑密集而连成一片，引起叶枯和落叶。病原为黑腐黄单胞菌黛粉致病变种（*Xanthomonas campestris* pv. *dieffenbachiae*）。

红掌细菌性叶斑病症状（叶枯）

红掌细菌性叶斑病症状（斑点）

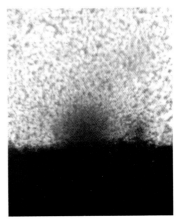

黑腐黄单胞菌喷菌现象

（5）一品红细菌性叶斑病

病害发生于叶片。病斑初期为淡褐色小圆点，周围呈水渍状，潮湿时病斑表面溢出白色至淡黄色菌脓；病斑扩大后形成褐色不规则形斑点，外缘具黄色晕圈，后数个病斑常互相连接形成斑块，病部破烂，叶片早落。病原为黑腐黄单胞菌（*Xanthomonas campestris*）。

一品红细菌性叶斑病症状

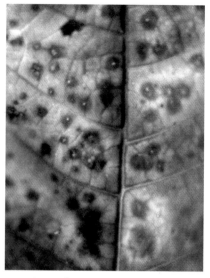

一品红细菌性叶斑病病斑上的菌脓

（6）百日菊细菌性叶斑病

病菌侵染叶、茎和花，以叶片为主。叶片上产生多角形病斑，病斑中心褐色至暗褐色，边缘有黄绿色晕圈，直径1~4毫米。小苗发病会引起苗枯，花瓣上也会产生褐色小斑点。病原为黑腐黄单胞杆菌百日草叶斑变种（*Xanthomonas campestris* pv. *zinniae*）。

百日菊细菌性叶斑病症状

百日菊细菌性叶斑病病斑

（7）蝴蝶兰细菌性叶斑病

从苗期到开花期植株均可被感染，病害发生于叶尖、叶缘或叶片基部。初期为淡褐色水渍状斑点，扩大后成为暗褐色或黑色不规则凹陷坏死斑，周围具明显黄晕。湿度高时伤口破裂会出现乳白色的菌脓，最后叶片干枯死亡。病原为假单胞菌（*Pseudomonas* sp.）。

 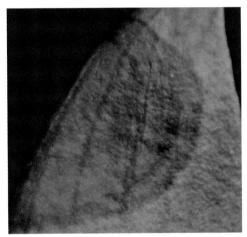

蝴蝶兰细菌性叶斑病症状　　　　　　蝴蝶兰细菌性叶斑病病斑

（8）石斛细菌性叶枯病

病菌从叶尖侵染，初期叶片出现褪绿，而后形成淡褐色水渍状枯斑。病斑向

石斛细菌性叶枯病症状　　　　　　假单胞菌菌落

下扩展形成大面积暗褐色或黑色坏死，外层有环纹，外缘有黄色晕带。病原假单胞菌（*Pseudomonas* sp.）。

（9）鹤望兰细菌性叶枯病

病害发生于叶片，在叶脉间形成长短不一的褐色至黑色条纹，严重时形成大面积坏死斑。潮湿条件下在叶背面病斑上溢出菌脓，干燥后形成菌块。病原为假单胞菌（*Pseudomonas* sp.）。

 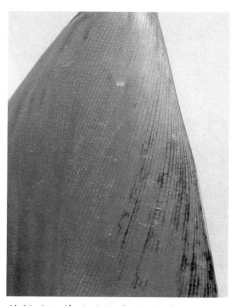

鹤望兰细菌性叶枯病症状(正面)　　鹤望兰细菌性叶枯病症状(背面)

（10）兰花软腐病

兰花软腐病又称兰花蘖腐病。当年生兰草的蘖芽、幼苗和成年株均可发病。病害先从与假鳞茎相连接的植株基部发生，病害严重时全株叶片基部腐烂，整株兰花枯死，易拔断。不同兰花品种症状有所不同。

①大花蕙兰和文心兰软腐病：发病初期，芽基部出现绿豆大小水渍状病斑，病斑迅速向上下扩展成暗绿色烫伤状大斑块，芽鞘外部呈黄褐色水渍状腐烂、有臭味，湿度大时发病部位渗出白色菌脓。

②蝴蝶兰软腐病：茎基部和叶柄呈水渍状腐烂，叶片脱落，全株死亡。叶尖和叶基部较易发病，病斑呈黑色椭圆形或圆形，水渍状。严重时全叶软腐溃烂。

大花蕙兰软腐病症状（新苗腐烂）

大花蕙兰软腐病症状（水渍状腐烂）

文心兰软腐病症状（新苗腐烂）

文心兰软腐病症状（心腐）

蝴蝶兰软腐病症状（叶腐）

蝴蝶兰软腐病症状（基腐）

③石斛软腐病：病害发生于茎和茎基部，发病部位初期呈暗绿色水浸状，后期转为黄褐色软化腐烂，叶片脱落，植株萎蔫死亡。

兰花软腐病容易与兰花镰刀菌基腐病混淆。主要区别：软腐病患株基部腐烂，有菌脓，发臭，病组织切片有喷菌现象；基腐病患株基部腐烂，有白色菌丝，无臭味。

病原为胡萝卜软腐果胶杆菌（*Pectobacterium carotovora*）。

石斛软腐病症状

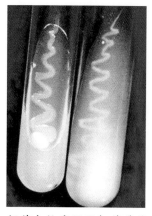
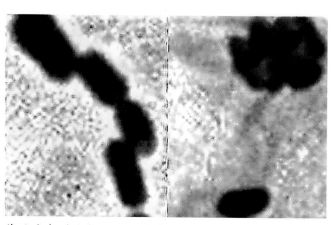

胡萝卜软腐果胶杆菌菌落 革兰染色（左）和鞭毛染色（右）

（11）君子兰软腐病

病害多数从根颈部开始发生。根部和茎组织坏死腐烂，发病初期植株叶片呈暗色软化；病害继续向心叶和嫩叶基部扩展，叶片大面积腐烂和脱落，全株萎蔫；外层叶片和老叶褪绿、萎蔫；散发恶臭气味。病原为胡萝卜软腐果胶杆菌（*Pectobacterium carotovora*）。

君子兰全株软腐病症状

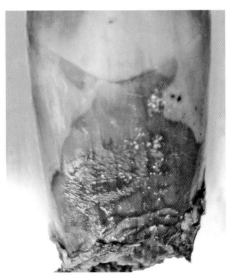

君子兰软腐病症状（基腐）

（12）凤梨软腐病

病害发生于叶片、心叶和茎基部。叶片发病时先出现暗绿色水渍状病斑，后逐渐沿叶脉扩展，病组织变褐色软腐，发病后期病组织腐烂干枯。心叶发病，病斑呈淡绿色水渍状，边缘逐渐变黄褐色，逐渐腐烂。茎基部发病呈水渍状腐烂，伴有腐臭味，植株易断而与茎部脱离。病原为胡萝卜软腐果胶杆菌（*Pectobacterium carotovora*）。

凤梨软腐病症状（叶腐）

2. 发病规律

病菌在栽培基质和病株残体中存活，通过昆虫、雨水及灌溉水传播。带菌栽培基质和带菌种苗是远距离传播的重要途径。病菌从根茎部和叶片基部组织的自然孔口和伤口侵染。虫害或机械损伤加剧病害发生。浇水过多、基质积水、多雨季节和高温高湿的环境条件，有利于病菌侵染和病害发生。

3. 防治措施

①加强卫生管理：主要措施有5条。一是繁育和种植无病苗：在无病区和健康植株上选择繁殖材料，采摘无病株扦插，培育无病苗。二是净化栽培基质：花卉盆栽、地栽花卉时不要用病田和病土种植；使用新土或新鲜的栽培基质，严禁使用病盆内的栽培基质。三是田园清洁：注意栽培场所的环境卫生，花卉出棚或采收后要及时清除枯枝、落叶、残花。四是清除发病中心：勤检查，及时清除病株病叶，并将其装入密闭的塑料袋中带出园区销毁。五是卫生操作：为防止病害通过切花、切叶在植株间传播，刀具在每次使用后应用75%酒精消毒。

②加强栽培管理：主要措施有2条。一是加强水肥管理：盆栽应使用透气性好、保水能力强的基质；浇灌水要用清洁无污染的水源，防止叶片或植株积水。二是环境调控：保证栽培场所有良好的通风透光和控温条件。荫蔽、高温高湿、通风不良的环境有利细菌性病害发生。

③农药科学使用：主要措施有2条。一是治虫防病：及时防治地下害虫及食叶害虫，减少虫伤。二是杀菌防病：发病初期选用20%噻菌酮悬浮剂500倍液、72%农用硫酸链霉素可溶性粉剂1000~1200倍液、 20%噻枯唑可湿性粉剂400~500倍液喷雾或灌根，7天1次，共2~3次。以上农药应单独使用和轮换使用；含铜类农药如噻菌酮、松脂酸铜、氢氧化铜等在红掌等天南星科花卉上易产生药害，要慎用。

（十三）病毒病

各种花卉都可能发生病毒病。发病植株表现为叶片斑驳、褪绿、条斑、环斑、坏死、杂色、皱缩或扭曲，植株矮小、畸形等多种症状。

1. 诊断实例

（1）一品红花叶病

叶片上出现斑驳或失绿环斑，畸形，产生缺刻，形成扇形叶或铲形叶，叶柄扭曲变形，叶脉凸起变绿，叶背面的叶脉有时增生小叶。叶片下卷，植株矮化。病原为一品红花叶病毒（*Poinsettia mosaic virus* PMV）。

（2）百合病毒病

①百合花叶病：叶面出现浅绿、深绿相间斑驳，叶缘向上翻卷，叶片扭曲，有些茎肿大弯曲、畸形。病株矮小，不形成花蕾，花变形或蕾不开放。病原为黄瓜花叶病毒（*Cucumber mosaic virus*，CMV）。

一品红病毒病症状

②百合卷叶病：植株、叶片扭曲。叶片肥厚畸形，有些叶片呈匙状。茎肿大弯曲，形成拐头状。病株矮小，不形成花蕾，花变形或蕾不开放。病原为柑橘碎叶病毒（*Citrus tatter virus*，CTLV）。

百合花叶病症状

百合卷叶病症状

（3）郁金香病毒病

①郁金香花叶病：叶片出现浅绿色或灰白色条斑，叶片皱缩，向叶面卷曲。病原为黄瓜花叶病毒（*Cucumber mosaic virus*，CMV）。

②郁金香坏死花叶病：叶片上出现椭圆形或纺锤形坏死，皱缩，严重时腐烂。病原为郁金香坏死病毒（*Tulip necrosis virus*，TNV）。

（4）鸡冠花花叶病

全株性发病，植株矮化、丛生。叶片细长呈蕨叶状或柳叶状，叶序紊乱。开花期推迟且开花少，花小。病原为黄瓜花叶病毒（*Cucumber mosaic virus*，CMV）。

郁金香花叶病症状

郁金香坏死花叶病症状

鸡冠花花叶病症状（右为正常株）

鸡冠花花叶病症状（丛生）

（5）百日菊花叶病

全株性发病。发病植株矮化，花蕾小或不结花蕾。发病初期叶片呈斑驳状，后期形成黄绿相间的花叶。病叶叶面皱缩，向上卷曲。病原为黄瓜花叶病毒（*Cucumber mosaic virus*，CMV）。

百日菊花叶病症状　　　　　　百日菊叶片花叶病症状

（6）美人蕉花叶病

病株叶片变小，叶面凹凸不平、产生褪绿条纹，植株黄化、矮小。病原为黄瓜花叶病毒（*Cucumber mosaic virus*，CMV）。

美人蕉全株花叶病症状　　　　　　美人蕉叶片花叶病症状

（7）兰花病毒病

①建兰花叶病：新叶上出现褪绿斑点或斑纹，后转变为黑色坏死斑；病斑密集连片时形成块状黑斑。病原为兰属花叶病毒（*Cymbidium mosaic virus*，CyMV）。

②大花蕙花叶病：病斑初期为褪绿小黄斑，扩展后为不规则形黄色斑块或条状斑，大小或长短不一；发病后期出现黑色坏死斑，不规则形。新叶上的症状比老叶明显。病原为兰属花叶病毒（*Cymbidium mosaic virus*，CyMV）。

建兰花叶病症状

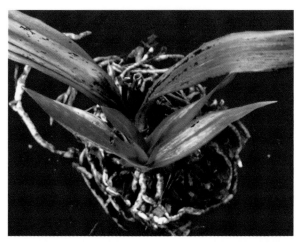

大花蕙兰花叶病症状

③蝴蝶兰花叶病：病菌侵染蝴蝶兰的叶片及花器。叶片产生黄绿相间的斑纹，有时叶片紫化，叶面出现凹凸不平、变厚、扭曲等畸形症状。病原为兰属花叶病毒（*Cymbidium mosaic virus*，CyMV）。

④蝴蝶兰环斑病：叶片上产生黄绿相间同心轮纹，后期环斑中央形成褐色坏

蝴蝶兰花叶病症状（叶片皱缩，紫色条斑）

蝴蝶兰花叶病症状（叶面凹凸不平，肥厚）

死。病原为兰环斑病毒（*Cymbidium ring sport virus*，CyRSV）。

⑤石斛花叶病：叶片发病初期出现褪绿或黄色斑点、斑纹、斑块，呈黄绿相间的花叶状，后期黄化部变黑焦枯。病原为石斛花叶病毒（*Dendrobium mosaic virus*，DeMV）。

蝴蝶兰环斑病环斑形状　　石斛花叶病症状

⑥蜘蛛兰花叶病：叶片上产生褪绿或黄色斑点，斑点大小不一，形状不规则，后期病斑呈褐色枯斑，严重时坏死、干枯。病原为水仙黄条纹病毒（*Narcissus yellow stripe virus*，NYSV）和番茄斑萎病毒（*Tospovirus*）。

蜘蛛兰花叶病症状（1）　　　　蜘蛛兰花叶病症状（2）

（8）白掌花叶病

发病植株矮化，叶片产生黄绿相间的斑纹，叶面皱缩、凹凸不平。病原为芋花叶病毒（*Dasheen mosaic virus*，DMV）。

（9）芦荟环斑病

叶片上产生黄色斑点，病斑中央凹陷，病斑扩展后形成同心环纹。病原为仙人掌病毒（*Cactusvirus*）。

白掌花叶病症状

芦荟环斑病症状

（10）三角柱环斑病

肉质茎上产生轮纹状环斑，环斑边缘呈深绿色，中央组织呈绿色；病斑凹陷，单生或多个连片；后期病斑组织坏死，呈黑褐色。病原为仙人掌病毒（*Cactusvirus*）。

三角柱环斑病症状

扶桑曲叶病症状

（11）扶桑曲叶病毒病

全株性发病。发病植株顶部嫩叶卷曲，叶背增厚，叶色深绿，叶缘向上卷，使叶片形成勺状或匙状；病叶僵硬易脆，叶脉生耳状突起。重病者叶柄、主脉、茎秆扭曲畸形。病原为木尔坦棉花曲叶病毒（*Cotton leaf curl Multan virus*，CLCuMV）。

2. 发病规律

花卉病毒可以通过昆虫、病株汁液、种子苗木和无性繁殖材料传播。高温干旱的气候，土壤温度高、湿度低，土壤瘠薄，使用发病的栽培容器和基质，植株生长不良等有利病害发生；种植密度大、虫害严重、农事操作粗放会加剧病情。

3. 防治措施

①培育和种植无病种苗：选用健株的鳞茎、插条、接穗等繁殖材料，育苗场所要采取隔离防护措施，并注意防虫；收集外来品种时，引入前须先经病毒检测鉴定；切花或其他操作用的工具必须消毒。

②注重治虫防病：花卉病毒病多数经蚜虫、粉虱等害虫传播。在花卉生长期和害虫发生期及时选用 10% 吡虫啉可湿性粉剂 1500 倍液、50% 抗蚜威超微可湿性粉剂 2000 倍液、3% 啶虫脒乳油 1500~2000 倍液、2.5% 联苯菊酯乳油 1000~1500 倍液喷雾，及时控制传毒害虫。

③加强栽培管理：注重水肥管理，保持土壤湿润，施足基肥，植株生长期叶面喷施 0.2% 磷酸二氢钾溶液或 0.01%~0.05% 硫酸锌溶液，提高植物抗病毒病的能力；及时清除病株，销毁带毒种植材料及栽培容器；卫生操作，分株或换盆等操作过程中工具和手及时用肥皂水或 3% 磷酸三钠溶液消毒，一盆一清，避免重复使用未经处理的基质及盆钵；栽培密度适宜，以减少植株间叶片磨擦受伤和接触传播的机会。

④药剂防治：发病初期用 1.45% 苷·醇·硫酸铜可湿性粉剂 500 倍液或 31% 氮苷·吗啉胍可溶性粉剂 500 倍液喷施，7 天 1 次，共 3 次。

（十四）线虫病

花卉线虫病主要有花卉根结线虫病和花卉根腐衰退病。

花卉根结线虫病是由根结线虫（*Meloidogyne*）引起的花卉线虫病。它几乎可以侵染各种地栽或盆栽花卉。根结线虫为害根部，在寄主植物的侧根或须根形成大小不一的根结，洗去根表土壤后在根结表面可见黄色或淡褪色胶质状物（卵囊）。叶片黄化，植株矮化，生长不良。剥开根结表皮可以看到白色粒状的雌成虫。

花卉根腐衰退病是由根腐科（Pratylenchidae）线虫引起的一类病害。根腐科线虫能侵染许多花卉植物，苗期和成株期、盆栽苗和地栽苗都可侵染。这类线虫侵入寄主根组织吸取营养，能在根组织内迁移为害，并诱导土壤中的病原菌进行次侵染。线虫侵染后在根表面出现淡黄色至褐色条状斑痕，病根皮层逐渐肿胀、腐烂；随着线虫在根内不断繁殖，群体数量增加，整个根系被侵染，根系萎缩、变褐色，最后呈黑色腐烂。受害根系腐烂后地上部植株出现矮化、黄化、枯死等衰退症状。

1.诊断实例

（1）榕树根结线虫病

受根结线虫为害的榕树地上部表现为生长较矮小，叶片黄化。根系产生大小不等的根结，数个根结相连形成块状。受害根后期根结和根系变黑腐烂，植株生长衰退。病原有南方根结线虫（*Meloidogyne incognita*）和花生根结线虫（*M.arenaria*）。

榕树根结线虫病症状

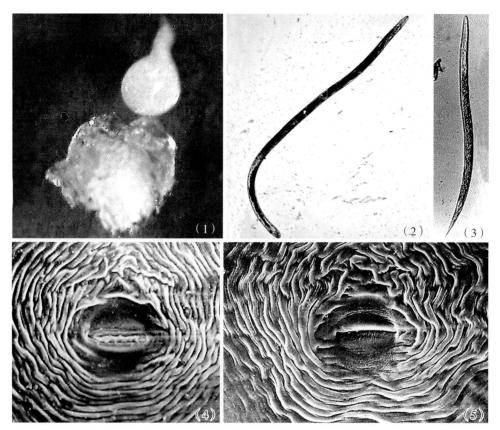

根结线虫
（1）雌虫与卵囊；（2）雄虫；（3）幼虫；（4）南方根结线虫会阴花纹；（5）花生根结线虫会阴花纹

（2）彩叶草根结线虫病

植株生长较矮小，叶片黄化。根系产生大小不等的根结，多个根结连接成根结团，根系萎缩。病原为南方根结线虫（*Meloidogyne incognita*）。

（3）菊花根结线虫病

菊花和非洲菊等易受根结线虫侵染，病植株生长较矮小，叶片黄化枯萎。根系产生大小不等的根结。病原为南方根结线虫（*Meloidogyne incognita*）。

彩叶草根结线虫病症状　　　菊花根结线虫病症状

（4）鸡冠花根结线虫病

植株生长较矮小，叶片黄化。根系产生大小不等的根结，后期腐烂萎缩。病原为南方根结线虫（*Meloidogyne incognita*）。

（5）秋海棠根结线虫病

植株生长较矮小，叶片黄化。根系产生大小不等的根结，有些根结串生。病原为南方根结线虫（*Meloidogyne incognita*）。

（6）凤仙花根结线虫病

植株生长较矮小，叶片黄化脱落。根结球形，大小不等。病原为花生根结线虫（*Meloidogyne*

鸡冠花根结线虫症状　　　秋海棠根结线虫病症状

凤仙花根结线虫病症状

arenaria）。

（7）富贵籽根结线虫病

发病植株生长较矮小，叶片变红。根系产生大小不等的根结，有些根结串生。病原为南方根结线虫（*Meloidogyne incognita*）。

（8）莲花掌根结线虫病

主根和须根均可受侵染，根结较小呈念珠状，

富贵籽根结线虫病症状　　莲花掌根结线虫病症状

后期变黑腐烂。叶色暗淡，基部叶片萎蔫。病原为根结线虫（*Meloidogyne* sp.）。

（9）玉树根结线虫病

玉树根系与土壤接触的气生根都会受侵染。根结较大，呈棒状或椭圆形，数个根结连接成根结块。根系腐烂，树体生长衰退。病原为根结线虫（*Meloidogyne* sp.）。

（10）仙人掌类根结线虫病

植株较矮小，茎、球颜色暗淡，表面皱缩，呈失水状。根系产生大小不等的

玉树根结线虫病症状　　金琥根结线虫病症状　　巨鹫玉根结线虫病症状

根结，根结单生、串生或呈块状，病根后期腐烂。病原为根结线虫（*Meloidogyne* sp.）。

（11）火鹤花根腐衰退病

线虫侵染根系，被侵染根表面出现淡黄色至褐色条状斑痕，皮层逐渐肿胀、腐烂。整个根系被侵染，根系萎缩，变褐色，最后呈黑色腐烂。受害根系腐烂后地上部植株出现矮化、黄化、枯死等衰退症状。病原为穿孔线虫（*Radopholus* sp.）和根腐线虫（*Pratylenchus* sp.）。

火鹤花根腐衰退病症状（左为正常株）

穿孔线虫雌虫和雄虫

火鹤花根腐衰退病潜入根内的线虫

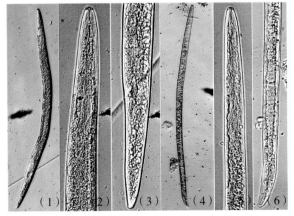

根腐线虫
（1）雌虫整体；（2）雌虫头部；（3）雌虫尾部；（4）雄虫整体；（5）雄虫头部；（6）雄虫尾部

（12）绿帝王根腐衰退病

根表面出现褐色至黑色条状斑痕，有些根整段变黑萎缩，后期整个根系呈黑色腐烂。地上部植株出现矮化、黄化、枯死等衰退症状。病原为穿孔线虫（*Radopholus* sp.）。

（13）绿巨人根腐衰退病

侵染初期根表面出现褐色至黑色条状斑痕，后期整条根变黑萎缩，根盘部和整个根系呈黑色腐烂。地上部植株出现矮化、黄化、萎蔫等衰退症状。病原为穿孔线虫（*Radopholus* sp.）。

（14）竹芋根腐衰退病

根表面出现褐色至黑色条状斑痕，根系黑色腐烂。地上部植株出现矮化、黄化衰退症状。病原为穿孔线虫（*Radopholus* sp.）。

（15）石斛滑刃线虫病

病原线虫取食根和菌根菌，导致根系发育不良，根变黑腐烂。地上部植株矮小，黄化衰退。病原为食菌滑刃线虫（*Aphelenchoides composticola*）。

绿巨人根腐衰退病症状

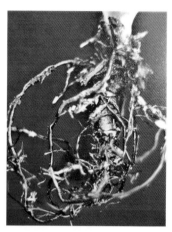
绿帝王根腐衰退病症状

凤凰竹芋根腐衰退病症状

石斛地上部滑刃线虫病症状

石斛根部滑刃线虫病症状

2. 发病规律

病原线虫以卵或幼虫随病根组织在土中存活，病土和病残植物体是主要侵染源。线虫通过介质和染病种苗进行远距离传播，田间可以通过浇灌水和农事操作传播。

3. 防治措施

①严格检疫：购买或引进种苗时要认真检查根系是否带病。

②净土栽培：花卉育苗或种植时，使用干净土壤或经消毒的无病土。

③药剂防治：种植之前田间土壤可选用 10% 棉隆颗粒剂或 98%~100% 棉隆微粒剂消毒，盆土可选用 10% 硫线磷颗粒剂消毒。花卉种植期或生长期可选用 10% 噻唑膦颗粒剂颗粒剂、5% 丁硫克百威颗粒剂、20% 丁硫克百威乳油防治。

（十五）寄生性植物和藻类

菟丝子和无根藤以其植物体在寄主植物上营全寄生生活，我们可以直接观察到寄生性植物体，容易做出诊断。

藻类植物是具有叶绿素，营光能自养型生活的无根茎叶分化、无维管束、无胚的叶状体植物。藻类在寄主植物上营寄生或附生生活，我们可以通过观察藻叶状体做出诊断。

1. 诊断实例

（1）黄金假连翘菟丝子

菟丝子以其丝状茎缠绕在假连翘的茎干和枝条上，通过吸器与假连翘的维管束相连接吸收寄主的营养和水分。菟丝子丝状茎从一株寄主植株伸长蔓延到另一植株，很快整丛假连翘都布满菟丝子。被菟丝子寄生的假连翘植株枯黄，生长不良。病原为南方菟丝子（*Cuscuta australis*）。菟丝子寄主范围广，可寄生于菊科、杨柳科、蔷薇科、百合科等木本和草本花卉上。

黄金假连翘菟丝子寄生状态

（2）海桐无根藤

无根藤以其丝状藤茎缠绕在海桐的茎干和枝条上，通过吸器与海桐的输导组织相连接吸收寄主的营养和水分。藤茎从一株寄主植株上蔓延，并且能延伸到另一植株。被无根藤寄生的海桐植株枯黄，生长不良。病原为无根藤（*Cassytha filiformis*）。

海桐无根藤为害状

（3）兰花藻斑病

藻斑出现在兰花叶片的两面，但以叶面为主。藻斑初期呈针头状灰绿色小圆点，逐渐向四周呈放射状扩展，形成近圆形或不规则稍隆起的毛毡状物。布满藻斑的叶片初期呈灰绿色，后期由于色素分泌而变为黄褐色至粉红色。病原为叶楯藻（*Phycopeltis epiphyton*）。

兰花藻斑病病叶上的藻斑

建兰藻斑病症状

叶楯藻产孢体

（4）山茶花藻斑病

病原藻为害枝条和叶片，以叶片为主。发病初期叶片上产生黄褐色小点，小黄斑点渐渐向外扩展，形成稍隆起的圆形或近圆形铁锈色毛毡状物（叶状体）。病原为绿头孢藻（*Cephaleuros virescens*）。寄主范围广泛，能为害含笑、玉兰、冬青、梧桐、百合等多种园林植物。

山茶花藻斑病症状　　　　　　　山茶花藻斑病藻斑　　头孢藻的孢囊梗、柄孢子囊和游动孢子

（5）荷花玉兰藻斑病

藻斑主要发生于成年叶或老叶叶面。藻斑初期呈黄白色，随着病斑中央叶状体逐渐成熟转为灰绿色至橙黄色；藻斑通常为圆形或近圆形，中央稍隆起，表面呈绒状、不光滑，边缘不整齐。叶片上藻斑形成多时，阻碍叶片光合作用，引起叶片枯黄落叶。病原为绿头孢藻（*Cephaleuros virescens*）。

 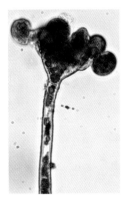

荷花玉兰藻斑病　　头孢藻孢囊梗、孢症状　　　　　　子囊和游动孢子

2. 发病规律

菟丝子和无根藤以种子繁殖，种子落入土壤中或混入作物种子中而传播。在寄主植物上通过其幼茎繁殖蔓延。藻类适合在温暖潮湿、通风透光不良的环境，植株生长衰弱有利藻类生长。

3.防治措施

①检疫和人工拔除：菟丝子可混在花卉种子中传播，因此在采种和引种时要加强检测检疫。菟丝子和无根藤田间发生初期人工拔除幼茎，消除发病中心。

②生态防治：藻类防治措施主要是改进栽培管理，合理密植，增强通风透光；增施肥料，增强植株活力。

③化学防治：波尔多液、石硫合剂、86.2%氧化亚铜可湿性粉剂、14%络氨铜水剂、77%氢氧化铜干悬浮剂、10%二硫氰基甲烷乳油等农药可用于藻类防治。蔷薇科花卉慎用铜制剂。

（十六）生理性病害

花卉的生理性病害是由不适宜的气候、营养失调、药害、肥害等物理化学条件引起的非传染性病害。缺素症花卉常表现出变色、黄化、焦枯、畸形、生长衰退等；肥害表现为畸形、生长受抑制或生长过度；药害表现为坏死性药斑或植株生长受抑制。花卉栽培过程中由于温度和湿度失控，也可能造成冷害、热害、缺水或湿害；空气、水体和土壤污染可能导致花卉生长迟缓，坏死枯萎、开花结果受抑制。

1.诊断实例

（1）日灼病

日灼是由于阳光直射或光线过强导致植物组织被灼伤。花卉叶片或肉质茎在受到强光直射后形成褪绿的黄褐色或黄白色枯斑，严重时叶缘叶尖变白、焦枯。日灼斑通常容易受到其他弱寄生菌的感染，转变为次生侵染性病害。

①凤梨日灼病：设施栽培时没有及时采取遮阴措施，由于强烈阳光照射和高温影响，朝阳方向的叶尖和叶

凤梨日灼病症状

面变褐焦枯。

②君子兰日灼病： 在阳光直射的叶面形成黄色斑块。

③芦荟日灼病：受阳光直射造成灼伤，叶片形成大面褐色焦枯斑块，日灼斑块脱水萎蔫，叶片倒折下垂。

君子兰日灼病症状 芦荟日灼病症状

④仙人掌日灼病：仙人掌日灼后表面变为黄白色，后期表皮干枯脱落。

⑤常春藤日灼病：叶尖和叶缘呈大面积变褐枯死。

⑥苏铁日灼病：羽叶叶片变黄，后期呈褐色干枯。

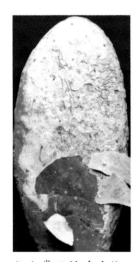

仙人掌日灼病症状　　　常春藤日灼病症状　　　苏铁日灼病症状

（2）冻害和冷害

低温对花卉造成极大损害。在田间或大棚常常成片发生，无发病中心。受冻害或冷害的植株在叶片、茎、花等器官或组织上产生水渍状褪绿斑块，叶片或植株萎蔫，严重时全株死亡。冻害指在0℃以下的低温使花卉植株体内结冰造成的伤害，通常导致植物组织坏死、腐烂、焦枯；冷害指0℃以上低温对花卉植株的损害，使植物生理活动受到阻碍，植株生长停滞，叶绿素形成受阻，有时也对植物细胞组织造成破坏。

① 棕榈科植物冻害：室外露地种植棕榈科植物，冬季遇霜冻叶片先呈暗绿色水渍状，后期变黄褐色枯萎，冻害严重的树苗全株枯萎死亡。

② 蝴蝶兰冻害：蝴蝶兰受低温影响后生长停滞，叶缘和叶尖呈褐色水渍状枯死，花梗和枝条呈暗淡或黄色水渍状枯萎，花蕾变色脱落。

三角椰子冻害症状　　　华盛顿棕冻害症状　　　蝴蝶兰冻害症状

③金边龙舌兰冻害：叶尖部发生大面积褐色水渍状坏死，坏死组织后期干枯。

④绿萝冻害：叶柄和叶片黄化萎蔫，叶面形成淡褐色水渍状斑点。

⑤红掌冻害：叶柄呈褐色水渍状萎蔫，佛焰苞产生紫黑色坏死斑块，叶片黄化。

金边龙舌兰冻害症状

绿萝冻害症状

红掌冻害症状

（3）营养障碍症

花卉生长过程中需要多种营养元素的合理搭配，某些元素过多或过少都会对花卉造成不良影响，花卉植物的营养障碍多数表现为缺素症，缺乏不同的营养元素会表现出不同的症状。

①缺铁症：嫩叶叶脉间失绿，叶肉呈黄色而叶脉仍为绿色，严重缺铁症表现为全叶变黄，心叶坏死。

石斛缺铁症症状

百合缺铁症症状

锈球花缺铁症症状

②缺镁症：老叶叶脉间失绿，叶肉呈黄色而叶脉仍为绿色，有时出现红色斑块，严重缺镁症全叶变黄，通常不引起组织坏死。

③缺钾症：通常老叶的叶尖和叶缘先出现黄化枯焦，而后逐渐向上部叶片发展。盆栽花卉有时因根系挤压、基质脱肥、换盆不及时也会造成缺钾症。

茶花缺镁症症状

丹桂缺镁症症状

佛手缺钾症症状

（4）药害、肥害

农药或肥料施用不当对花卉植株会导致毒害，表现为叶尖和叶缘枯焦，叶片上出现褪绿和黄化斑块和斑点。激素药害表现为株、叶扭曲和花朵畸形；药物毒性积累引起的慢性中毒表现为植株发育不良，叶片无光泽，开花推迟，花少色淡。

①一品红矮壮素药害：矮壮素是一种植物生长调节剂，能抑制植物细胞伸长，控制植株的营养生长，使植株的间节缩短。一品红上使用矮壮素不当，造成植株矮化明显，叶片僵化、畸形，叶缘黄化、红化，产生焦枯斑点。

一品红矮壮素药害症状　　　紫罗兰咪鲜胺药害症状

②紫罗兰咪鲜胺药害：咪鲜胺是一种广谱杀菌剂，对观赏植物上的多种病害具有治疗和铲除作用，如果使用不当会产生药害。咪鲜胺对紫罗兰造成的药害表现为叶片上形成不规则的黄褐色斑块。

③花卉棉隆药害：棉隆又称必速灭，是一种熏蒸性杀线虫剂。棉隆在土壤中

 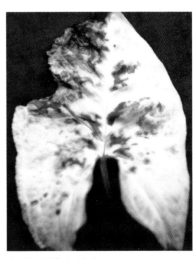

文心兰棉隆药害症状　　　　　　合果芋棉隆药害症状

分解出异硫氰酸甲酯、甲醛和硫化氢对多种线虫有杀灭作用，还有杀虫、杀菌和除草作用。在花卉生长期使用棉隆，或在棉隆处理区种植花卉极易产生药害。兰花上的药害症状为新芽和新叶呈黄褐色焦枯，合果芋上表现为叶片产生大面积黑褐色水渍状斑块。

④紫薇苗草甘磷药害：草甘膦是一种非选择性和广谱性除草剂，具有内吸传导作用。在紫薇苗圃施用草甘膦，由于

紫薇苗草甘磷药害症状（左为正常株）

药液接触到紫薇而产生药害。表现为叶片枯黄脱落，叶芽丛生，枝条增生，植株枯萎。

2. 发病规律

日灼病与强烈光照有关，在遭受阳光直射的花卉叶片表面易发生日灼。设施种植花卉时，如果遮阳网破损，遭到阳光直射的花卉植株易发生日灼病。露地种植花卉时，夏秋季节阳光强烈，由于没有采用适当的遮阴措施也常常发生日灼。

低温和霜冻对花卉的生理功能和组织形态造成破坏。低温来临时花圃保温性不好，易发生冻害。露地栽培花卉在低温霜冻来临前没有及时采取防寒措施，可能造成大面积冻害。

肥害以施用激素或生长素引起的问题较突出；缺素症多数发生于无土栽培、基质栽培。

药害是农药施用不当导致毒害，药害有以下几种原因。

①农药混用：由于没有对症用药，多种农药混用导致中毒。

②农药施用次数过多：有些含有铜、锰、锌、铝等金属离子的农药，施用次数过多可能造成残留积累，产生药害。

③农药使用浓度偏高或施用时间不当：超浓度或在高温时施用农药，导致叶面、叶缘、叶尖焦枯。

④农药施用方法不当：施用除草剂时没有定向喷施，或发生雾滴飘移，造成花卉植株药害。

3. 防治措施

日灼病应以预防为主，着重做好遮阴设施建设，防止高温季节和中午强烈阳光照射；注重水肥管理，促进根系健康，提高空气湿度，加强通风，防止花圃内的高温伤害。

低温冻害的预防措施是加强花圃的保温设施建设，在低温和寒流来临前及时闭棚保温或覆膜保温。

缺素症的预防措施是根据各种花卉对营养元素的特定需求，采用均衡营养施肥和精准施肥技术；针对基质的营养状况采用配方施肥方法。

肥害的预防措施在于避免化学肥料的过度使用，合理施用有机肥和益生菌肥。慎用激素类农药，必要用时应严格遵照使用说明施用。

药害的预防措施是严格用药，按照农药说明书的要求施用农药，不任意加大用药浓度和剂量；根据病虫害种类和发生季节选用合适的农药，对症用药，不随意混用农药。

三、花卉虫害

（一）蓟马

蓟马隶属缨翅目昆虫，形态特征是：体型细小，体长一般为1~2毫米；口器为锉吸式；有2对狭长的翅，翅缘长有缨毛，称为缨翅。为害花卉的蓟马主要是管蓟马科（Phlaeothripidae）和蓟马科（Thripidae）的一些种类。许多花卉都会受到蓟马为害。蓟马以成虫和若虫为害寄主植物的幼嫩部位，如嫩芽、幼叶、新梢、花器、幼果。以其口器锉破植物表皮，口针插入植物组织内吸食汁液，受害的植物叶片出现黄褐色斑点，且肿胀、卷曲，产生虫瘿；嫩芽或心叶受害呈萎缩状或丛生现象，花器受害扭曲、畸形。

1. 诊断实例

（1）兰花蓟马

成虫、若虫多群集在花瓣内锉吸汁液，被害处皱缩或扭曲畸形，花朵异常。

兰花蓟马为害状（花朵畸形）　　　　兰花蓟马为害状（花苞伤痕）

兰花蓟马为害状（花瓣和花梗伤痕）　兰花蓟马成虫　　兰花蓟马若虫

花序上花朵数量减少。发生严重时，一朵花中有几十只蓟马。为害兰花的主要为带蓟马（*Taeniothrips* sp.）。

（2）鹅掌柴蓟马

若虫和成虫为害鹅掌柴幼嫩部分，导致叶片形成角状或不规则多角状的中空虫瘿。多数虫瘿开口于叶背，致使叶片背面下陷，正面突起，叶片扭曲、畸形。为害鹅掌柴的蓟马主要是滑管蓟马（*Liothrips* sp.）。

鹅掌柴蓟马为害状（叶片形成角状虫瘿）　鹅掌柴蓟马为害状（叶面虫瘿突起）

鹅掌柴蓟马为害状（叶背下陷的虫瘿）　滑管蓟马成虫（江凡摄）

（3）榕树蓟马

　　成虫和若虫锉吸为害榕树的嫩芽和幼叶，被害叶出现紫褐色或紫红色斑纹，叶片卷曲呈饺子状或疙瘩状虫瘿，虫体藏匿于虫瘿中生活与繁殖，后期叶片逐渐变硬及枯死。为害严重时导致整株叶片变黄，以致枯死脱落。为害榕树的蓟马主要是榕母管蓟马（*Gynaikothrips ficorum*）、棘腿管蓟马（*Androthrips ramachandrai*）。

榕母管蓟马成虫（江凡摄）

垂叶榕蓟马为害状　　　　小叶榕蓟马为害状　　　　棘腿管蓟马成虫（江凡摄）

（4）灰莉蓟马

成虫和若虫均为害灰莉嫩芽和幼叶，锉吸汁液，被害叶片两侧边缘朝叶面中脉卷曲，形成条形扭曲虫瘿。为害灰莉的蓟马主要是钝鬃滑管蓟马（Liothrips sp.）。

灰莉钝鬃滑管蓟马为害状　　　　　　灰莉钝鬃滑管蓟马为害状（虫瘿）

钝鬃滑管蓟马若虫（黄色）群集（江凡摄）　钝鬃滑管蓟马成虫（深棕色）（江凡摄）

2. 发生规律

蓟马一年四季均有发生，常年可见成虫、若虫和卵，世代重叠。成熟雌虫将卵产于虫瘿内，蓟马有混合发生和群集为害的特点。有些花卉可能同时发生几种蓟马，往往在一个叶片或一个虫瘿内的虫量多达数十只。蓟马的发生与寄主的梢期密切相关，凡有嫩梢均有蓟马为害。

3. 防治措施

①人工除虫：少数植株被害时，人工摘除虫瘿；也可用手捏杀成虫、若虫。

②药剂熏蒸：少数盆花受害，可用塑料袋罩住，内放小碟，碟内放少量敌敌畏乳油，熏蒸杀虫。温室盆花也可用熏蒸法。

③药剂防治：为害初期或虫瘿形成前，选用5%啶虫脒乳油4000~5000倍液或10%吡虫啉可湿性粉剂800~1000倍液喷雾。

（二）介壳虫、粉虱

介壳虫和粉虱都是同翅目昆虫。

介壳虫体型微小，多为圆形或长椭圆形，具刺吸式口器。成虫和若虫刺吸植物的汁液，破坏叶绿素；分泌大量蜡粉覆盖于植株表皮，阻碍其光合作用；分泌"蜜露"诱导煤污病发生。根粉蚧是一类特殊的蚧，不产生介壳，为害植物根部。

粉虱体型微小，虫体和翅面纤细，为白色蜡粉覆盖，成虫和若虫刺吸植物的汁液，破坏叶绿素；分泌"蜜露"诱导煤污病发生。

1. 诊断实例

（1）兰花介壳虫

若虫和成虫寄生于叶片正反面和叶鞘内外，尤以叶基部为多。利用刺吸式口器吸吮叶汁，使叶片出现褪绿或黄色斑点。严重发生时虫体密布于叶片，附着于兰叶的叶脉和叶面上，即使虫体死亡，其介壳仍然不脱落。受害叶片渐成黄色，生长势衰弱，直到枯死。介壳虫能传播病毒病和导致煤污病发生。

兰花黄片蚧为害状

黄片蚧成虫

为害兰花的介壳虫，主要有黄片蚧、柑橘并盾蚧、牡蛎蚧、中华圆盾蚧。

兰花橘并盾蚧为害状

橘并盾蚧雄虫介壳

橘并盾蚧雌成虫和卵

兰花牡蛎蚧为害状

兰花叶片上的牡蛎蚧

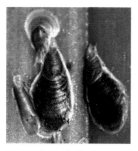
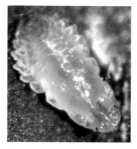

牡蛎蚧雌雄介壳　　　　牡蛎蚧雌成虫　　　　中华圆盾蚧雌成虫和卵

（2）榕树介壳虫

介壳虫若虫和成虫在叶片上刺吸汁液，被害寄主长势衰弱，严重的整株枯死。雌成虫和若虫在叶片和枝条上吸食汁液，并分泌大量排泄物，诱发

小叶榕黄片蚧为害状　　小叶榕叶片上的黄片蚧　　高山榕龟蜡蚧为害状

高山榕龟蜡蚧为害状（煤污病）　　龟蜡蚧若虫蜡被呈星芒状　　龟蜡蚧雌成虫蜡壳

煤污病。为害榕树的介壳虫主要是黄片蚧（*Parlatoria proteus*）、龟蜡蚧（*Ceroplastes floridensis*）。

（3）天竺桂介壳虫

成虫和若虫在叶片上沿叶脉分布，密布于枝条上，在叶片和枝条上吸食汁液。介壳虫分泌大量排泄物，诱发煤污病。为害天竺的介壳虫主要是龟蜡蚧（*Ceroplastes floridensis*）。

天竺桂龟蜡蚧为害状（煤污病）　　　天竺桂龟蜡蚧沿叶脉分布

（4）含笑介壳虫

雌虫多固定叶面，雄虫多群集叶背。受害叶片出现黄白色斑点或斑块，

  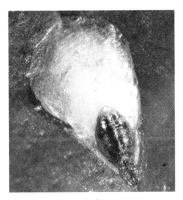

含笑考氏白盾蚧为害状　　含笑叶片上的考氏白盾蚧　　考氏白盾蚧介壳

受害较重的寄主提早落叶。为害含笑的主要是考氏白盾蚧（*Pseudaulacaspis cockerelli*）。

（5）夹竹桃介壳虫

成虫和若虫群集固着在枝条上刺吸为害，虫体遍布枝条，介壳重叠连成一片，远望枝条呈灰白色，导致枝梢枯萎，严重的全株死亡。叶面受害时，雄虫多群集叶背，受害叶片出现黄白色斑点或斑块，导致寄主提早落叶。为害枝条的介壳虫主要是桑白蚧（*Pseudaulacaspis pentagona*），为害叶片的介壳虫主要是考氏白盾蚧（*Pseudaulacaspis cockerelli*）。

夹竹桃枝梢桑白蚧为害状　　夹竹桃枝干上的桑白蚧　　夹竹桃叶片上的考氏白盾蚧

（6）米兰介壳虫

成虫和若虫固定叶片正反面刺吸为害，发生严重时枝干也布满虫体，造成树

米兰白轮盾蚧为害状　　　　　　白轮盾蚧成虫

势衰弱，导致不开花、少开花、花不香，严重影响观赏价值。为害米兰的介壳虫主要是米兰白轮盾蚧（*Aulacaspis crawii*）。

（7）扶桑介壳虫

成虫和若虫多集中在嫩梢、叶片、叶柄和花芽上刺吸汁液，造成幼芽扭曲，叶片皱缩，新梢停止抽发，分泌的蜜露诱发煤污病，严重影响植株的生长和开花。为害扶桑的介壳虫主要是扶桑绵粉蚧（*Phenacoccus solenopsis*）。

扶桑花朵绵粉蚧为害状

扶桑枝叶绵粉蚧为害状

（8）苏铁介壳虫

成虫和若虫多群集固着在叶片、叶柄、枝条上刺吸为害，介壳重叠连成一片，远望枝条呈灰白色，导致枝梢枯萎，严重的全株死亡。为害严重时，叶片上密布介壳，叶片黄萎，诱发煤污病。为害苏铁的介壳虫主要是桑白蚧（*Pseudaulacaspis pentagona*）、褐圆蚧（*Chrysomphalus aonidum*）、咖啡盔蚧（*Saissetia coffeae*）。

苏铁桑白蚧为害状

苏铁叶片桑白蚧为害状　　　苏铁桑白蚧雌虫　　　苏铁褐圆蚧为害状

（9）仙人掌介壳虫

成虫和若虫聚集肉质茎吮吸汁液。虫口密度大时被害部位密布白色介壳，被害部呈黄白色；植株生长衰弱，肉质茎软化或腐烂、茎节脱落；诱发煤污病，影响观赏。为害仙人掌的介壳虫主要是仙人掌白盾蚧（*Diaspis echinocaccii*）。

仙人掌介壳虫为害状（肉质茎基部腐烂）　　仙人掌介壳虫为害状

（10）金琥根粉蚧

苗床发病时成片金琥受害，呈块状分布。受害球茎萎缩、变红。受害严重时植株生长停滞；根表布满白色绵状物虫体，根系生长衰退、腐烂。 为害金琥的介壳虫主要是根粉蚧（*Rhizoecas cacticans*）。

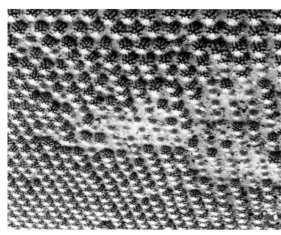

金琥根粉介田间为害状　　　　　　　金琥根粉介为害状（右为正常株）

（11）非洲菊根粉蚧

介壳虫为害根部，导致根系生长衰退、腐烂；根表布满白色绵状物。受害植株长势衰弱，叶色萎黄，萎蔫枯死。为害非洲菊的介壳虫主要是根粉蚧（*Rhizoecas cacticans*）。

非洲菊根粉蚧为害状　　　　　　　　　根表上的根粉蚧

（12）龙骨木白粉虱

白粉虱成虫和若虫吸食植物汁液，被害叶片褪绿、变黄、萎蔫，甚至全株枯死。此外，由于其繁殖力强，繁殖速度快，种群数量庞大，群聚为害，并分泌大量蜜液，严重污染叶片和果实，往往引起煤污病发生。为害龙骨木的白粉虱主要是温室白粉虱（*Trialeurodes vaporariorum*）。

龙骨木温室白粉虱为害状　温室白粉虱成虫和卵

（13）香樟黑刺粉虱

若虫群集叶片背面吮吸汁液，被害处形成黄斑，并能分泌蜜露诱发煤污病。为害香樟的粉虱主

 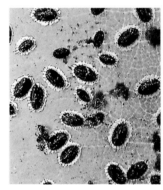

香樟黑刺粉虱为害状　　黑刺粉虱

要是黑刺粉虱（*Aleurocanthus spiniferus*）。

2. 发生规律

蚧类一年发生多代，世代重叠。以卵在母体介壳内越冬，雌成虫产卵期长。初孵若虫活泼，遇到适宜场所即固定寄生。若虫固定后，不再移动。花苗栽植过密、高温高湿、通风透光差时，介壳虫发生严重。介壳虫的扩散和传播主要靠气流传播、水流传播和动物传带，爬行期若虫常借风力传播。人为传播是介壳虫的主要传播方式，各种农事操作造成介壳虫在植株间、花盆间传播蔓延。兰花贸易为介壳虫远距离传播提供了有利条件。根粉蚧生活于土壤中，在温室内可一年四季发生。

白粉虱最适发育温度25~30℃，在温室内一般1个月发生1代。成虫具趋嫩性，因此，新生叶片成虫多，中下部叶片若虫和伪蛹多。樟黑刺粉虱在福建1年发生 4 代，以若虫在叶背越冬。成虫喜欢较阴暗的环境。卵多产在叶背，常密集呈圆弧形，一般数粒至数十粒在一起，有时一张叶片有数百粒卵。初孵若虫爬行不远，多在卵壳附近固定下来吸食为害。若虫经第一次蜕皮后，其足和触角均退化，不再移动而营固定生活。

3. 防治措施

①检疫预防：购买或引进花苗时要认真检查有无带虫，不购买带虫苗，杜绝虫源带入，以防其传播蔓延。采用分株繁殖的花苗，要从无虫棚和无虫盆中选择优质健康种苗。

②隔离预防：温室大棚放风口设置避虫网，防止外来介壳虫迁入。温室内一旦发现虫害，及时搬移受害盆，并及时采取除虫处理。

③生态防治：剪除受害嫩梢或枝叶，并集中烧毁。剪除不必要的枝叶，改善通风透光的环境条件，以压低虫口密度。

④药剂防治：防治适期为各代初孵若虫期。蚧和粉虱可选用 10% 噻嗪酮乳油 1000 倍液、25% 噻虫嗪水分散粒剂 2000~3000 倍液、5％ 啶虫脒乳油 4000~5000 倍液、10％ 吡虫啉可湿性粉剂 800~1000 倍液、10％ 氯氰菊酯 2000~3000 倍液等喷雾。施药时间宜在傍晚。施药时要均匀喷施叶面、叶背和叶片基部。根粉蚧可用以上药剂灌根。

（三）蚜虫、木虱、叶蝉

蚜虫、木虱、叶蝉都隶属同翅目昆虫。蚜虫吸食植物茎叶的汁液，能分泌蜜露，诱发煤污病；木虱为害寄主植物叶片，引起虫瘿；叶蝉为害叶片，引起叶片枯萎和落叶。

1. 诊断实例

（1）夹竹桃蚜虫

蚜虫以成虫和若虫群集于嫩叶、嫩梢和花器上吸食汁液，虫体常覆盖于嫩梢表面，致使叶片卷缩，不开花，花蕾凋谢。虫体分泌的蜜露能诱发煤污病。为害夹竹桃的蚜虫主要是夹竹桃蚜（*Aphis nerii*）。

夹竹桃蚜虫为害状

夹竹桃蚜有翅蚜和无翅蚜

（2）罗汉松蚜虫

虫体群集于叶背及嫩梢上吸汁为害，致使新梢生长受到抑制，抽出的叶片比正常的短，为害严重时可使叶片黄化，长势衰弱。其排泄的蜜露可诱发煤污病。为害罗汉松的蚜虫主要是罗汉松新叶蚜（*Neophyllaphis podocarpi*）。

罗汉松新叶蚜为害状

罗汉松新叶蚜若蚜

（3）紫薇蚜虫

成虫和若虫群集为害，常盖满嫩叶反面，使新梢扭曲，嫩叶卷缩，凹凸不平，影响花芽形成，并使花序缩短，甚至无花，同时还诱发煤污病。为害紫薇的蚜虫主要是紫薇长斑蚜（*Tinocallis kahawaluokalani*）。

紫薇长斑蚜有翅蚜、无翅蚜、食蚜蝇

（4）香樟木虱

若虫在叶片背面刺吸为害，被害叶面初现黄绿色椭圆形或圆形斑点。随虫龄增长逐渐形成紫红色虫瘿。受害植株树势衰弱，提早落叶。为害香樟的木虱主要是樟个木虱（*Trioza camphorae*）。

叶面上的虫瘿

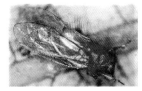

香樟樟个木虱为害状　　樟个木虱虫瘿（正反面）　　樟个木虱成虫

（5）棕榈叶蝉

成虫、若虫群集于叶片上吸食汁液，被害叶初期叶面出现黄白斑点，严重时斑点相连成片变成苍白色，后期形成枯焦斑点和斑块，受害植株长势衰弱。成虫、若虫喜吸食嫩芽汁液，使得新抽出的叶片褪绿，叶片边缘卷缩、

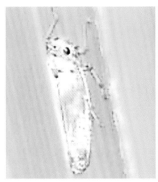

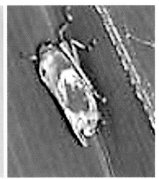

棕榈大叶蝉成虫

畸形。为害棕榈的叶蝉主要是大叶蝉（*Bothrogonia* sp.）。

2. 发生规律

蚜虫1年发生10代至20多代，以卵在芽腋、芽缝、枝杈等处越冬，5~6月间发生数量大。

樟个木虱 1 年发生 1 代，少数 2 代，以中老龄若虫在被害叶片的虫瘿内越冬。

叶蝉 1 年发生多代，6~7 月开始大量发生为害。大叶蝉 1 年中代数不详，常见于草丛中。

3. 防治措施

①清除虫源：秋后彻底清除落叶和杂草，集中烧毁，以减少虫源。

②药剂防治：在若虫初发期进行药剂防治，可选用 1.8％阿维菌素乳油 2000~3000 倍液、5％啶虫脒乳油 4000~5000 倍液、10％吡虫啉可湿性粉剂 800~1000 倍液喷施。

③保护利用天敌：保护瓢虫、食蚜蝇及草蛉等捕食性天敌。

（四）蝶类和蛾类

蝶和蛾隶属鳞翅目昆虫。虫体小至大型，成虫翅膀、虫体和附肢上布满鳞片，口器虹吸式或退化；幼虫虫体分节，各体节上有刚毛、毛瘤、毛簇或枝刺，口器咀嚼式。蝶类成虫的触角端部膨大形成锤状或球杆状，停息时翅膀直立于身体背面。蛾类成虫的触角为念珠状、丝状或羽状，停息时翅膀通常平置于虫体背面或垂展于虫体两侧。

蝶类和蛾类大多数以幼虫为害各种花卉。体型较大的常咬食叶片或钻蛀枝干，为害部位常有大量虫粪；体型较小的往往卷叶、缀叶、包叶、结鞘、吐丝结网，或钻入植物组织内取食。成虫通常不对植物造成危害，以吸食花蜜为补充营养，口器退化的则不再取食。

1. 诊断实例

（1）棕榈类蓑蛾

加拿利海枣、三角椰子、华盛顿棕榈、蒲葵等多种棕榈科植物都会受害。低龄幼虫咬食棕榈叶片一面的表皮和叶肉，留下另一层表皮，形成许多不规则的白色斑块，被害处表皮不久破裂形成孔洞。大龄幼虫取食叶片，形成孔洞或缺刻，严重时寄主叶片全部受害而残缺焦枯。幼虫利用咬碎的叶片营造蓑囊，并连带蓑囊移动。受害植株有许多蓑囊悬挂于枝叶上。为害棕榈类植物的蓑蛾主要是桉蓑蛾（*Acanthopsyche subferalbata*）。

海枣全株桉蓑蛾为害状

海枣叶面桉蓑蛾为害状

海枣叶背面上的桉
蓑蛾蓑囊

华盛顿棕桉蓑蛾为害状

蒲葵桉蓑蛾幼虫为害状

桉蓑蛾幼虫取食状

桉蓑蛾老龄幼虫

（2）花叶良姜蓑蛾

幼龄幼虫咬食叶片的表皮和叶肉，形成许多不规则的白色斑块，白斑后期焦

花叶良姜褐蓑蛾为害状

花叶良姜褐蓑蛾蓑囊

枯。大龄幼虫取食叶片，形成孔洞或缺刻，严重时整张叶片都会受害。蓑囊可悬挂于受害叶片上。为害花叶良姜的蓑蛾主要是褐蓑蛾（*Mahasena colona*）。

（3）龙柏蓑蛾

幼虫在蓑囊中咬食叶片、嫩梢，或剥食枝干，造成枝叶形成众多枯斑。喜集中为害。幼虫多在孵化后 1~2 天爬上枝叶上，吐丝黏缀碎叶营造蓑囊，并开始取食，蓑囊悬挂于枝条上。为害龙柏的蓑蛾主要是大蓑蛾（*Clania variegata*）。

龙柏大蓑蛾蓑囊

（4）巴西木蔗扁蛾

幼虫蛀食肉质的皮层，上下左右串食，形成不规则隧道。为害轻时，局部受损；为害重时，将整段木桩的皮层全部蛀空，只剩薄薄一层外表皮，皮下充满粪屑。为害巴西木的扁蛾主要是蔗扁蛾（*Opogona sacchari*）。

巴西木蔗扁蛾为害状

（5）扶桑卷叶螟

幼虫将扶桑叶片卷成包，并在包内取食，严重为害时叶片全部被卷成包并全部被食光。同一卷叶内往往有数头幼虫取食，并有转移习性，一个卷叶还未食完，又转移到其他叶片继续为害，被害叶残缺不全。幼虫老熟后，以丝将尾端粘于叶上，在卷叶内化蛹。为害扶桑的卷叶螟主要是棉卷叶野螟（*Sylepta derogata*）。

巴西木蔗扁蛾成虫

扶桑棉卷叶野螟幼虫卷结的虫包　　棉卷叶野螟幼虫在虫包内取食

棉卷叶野螟

（1）幼虫；（2）老熟幼虫；（3）蛹；（4）成虫

（6）木芙蓉卷叶螟

初孵幼虫在叶背取食叶肉，将植物叶片卷成包后在包内取食，严重为害时叶片全部被卷成虫包。为害木芙蓉的卷叶螟主要是棉卷叶野螟（*Sylepta derogata*）。

木芙蓉棉卷叶野螟为害状

（7）木槿卷叶螟

幼虫将植物叶片卷成包并在包内取食，严重为害时叶片全部被卷成包并全部被食光。为害木槿的卷叶螟主要是棉卷叶野螟（*Sylepta derogata*）

（8）扶桑金刚钻

幼虫蛀食花蕾和花瓣，花蕾内花蕊被蛀空，蕾苞叶张开变黑褐色脱落。为害扶桑的金刚钻主要是鼎点金刚钻（*Earias cupreoviridis*）。

木槿棉卷叶野螟为害状

鼎点金刚钻幼虫为害扶桑花蕾（吴梅香摄）

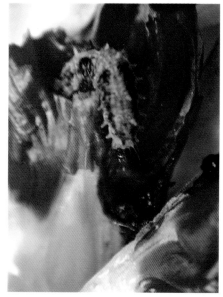

鼎点金刚钻幼虫为害扶桑花朵（吴梅香摄）

（9）夹竹桃天蛾

幼虫取食寄主的嫩叶。由于幼虫取食量极大，会将整株幼苗叶部取食殆尽。为害夹竹桃的天蛾主要是夹竹桃天蛾（*Daphnis nerii*）。

夹竹桃天蛾幼虫

夹竹桃天蛾成虫

（10）南洋楹尺蠖

　　幼虫取食叶片，严重时将树木吃成光秃。老熟幼虫常吐丝下坠。为害南洋楹的蛾主要是尺蠖（*Semiothisa* sp.）。

南洋楹尺蠖幼虫 （江凡摄）

南洋楹尺蠖预蛹（江凡摄）

南洋楹尺蠖蛹（江凡摄）

南洋楹尺蠖成虫

榕树榕透翅毒蛾为害状

（11）榕树榕透翅毒蛾

幼虫取食榕树叶片，把叶片吃成残缺不全，发生严重时可将整株树叶食光。为害榕树的毒蛾主要是榕透翅毒蛾（*Perina nuda*）。

榕树叶片榕透翅毒蛾为害状

榕透翅毒蛾（江凡摄）
（1）幼虫；（2）蛹；（3）雌成虫；（4）雄成虫

（12）苏铁紫灰蝶

幼虫为害新梢、嫩叶，1~2龄幼虫藏匿于卷曲的小叶内，啃食表皮和叶肉，留下另一层表皮；3龄以上幼虫食量大增，可将整个嫩梢取食殆尽，导致新梢无法抽生，致使树冠无法形成，严重的造成整株枯死。为害苏铁的紫灰蝶主要是曲纹紫灰蝶（*Chilades pandava*）。

苏铁曲纹紫灰蝶为害状

苏铁曲纹紫灰蝶幼虫为害新梢

（1）　　　　　　　　　（2）　　　　　　　　　（3）

苏铁曲纹紫灰蝶
（1）幼虫；（2）蛹；（3）成虫

2. 发生规律

蓑蛾以幼虫在蓑囊内，蓑囊悬挂枝叶上越冬。初龄幼虫群集蓑囊表面，吐丝下垂，随风飘散于叶面和树枝上吐丝造囊。老熟幼虫将囊用丝固定悬挂在植株上，在囊内化蛹。雄蛾羽化后，从囊下端飞出。雌蛾羽化后仍栖息在囊内，伸出头、胸部等待雄蛾飞来交尾。桉蓑蛾在福州地区 1 年发生 2 代。

蔗扁蛾 1 年发生 3~4 代，以幼虫在温室盆栽花木中越冬。卵产于寄主的茎或尚未展开的叶片上，散产或成堆。幼虫孵化后寻找缝隙或伤口钻蛀植物组织为害。夏季老熟幼虫多在木桩顶部或上部的表皮吐丝结茧化蛹，秋冬季则在土下结茧化蛹。

棉卷叶野螟为杂食性害虫，为害大红花、悬铃花、吊灯花、木芙蓉、木槿、木棉、梧桐等花木，轻者使花木失去观赏价值，重者将叶片吃光，造成植株枯萎。1 年发生 3~5 代，以老熟幼虫在杂草及寄主植物枯叶、残株中越冬。

鼎点金刚钻是为害蜀葵、木槿等花卉。

夹竹桃天蛾每年约有两个世代，成虫发生于 5~6 月及 10~11 月。幼虫取食幼苗的嫩叶。由于幼虫取食量极大，会将整株幼苗叶部取食殆尽。

尺蠖 1 年发生 3~4 代，以蛹在土中或缝隙间越冬。雌成虫将卵产于嫩梢、叶片等处，幼虫孵化后取食为害。

榕透翅毒蛾 1 年发生 5~6 代，有世代重叠。

曲纹紫灰蝶以幼虫或蛹在苏铁的鳞片叶缝隙间越冬，当苏铁抽春梢时开始以幼虫为害。一年中以夏、秋梢为害严重。成虫将卵单粒散产在嫩梢小叶的背面。幼虫 4 龄。1~2 龄幼虫体小，老熟幼虫在鳞片叶间化蛹。

3. 防治措施

①杜绝和清除虫源：蔗扁蛾是检疫性害虫，禁止从疫区调运种木。栽培场所一发现虫害，要立即销毁受害株。蓑蛾可结合人工摘除虫囊进行药剂防治。

②药剂防治：为害花卉的鳞翅目害虫都是以幼虫为害，因此防治适期应选择在花卉新梢发生期、新叶生长期和害虫孵化期及低龄幼虫期。药剂可选用 10% 氟氯菊酯乳油 2000~3000 倍液、10% 氯氰菊酯 2000~3000 倍液喷雾。蔗扁蛾药剂防治可选用 20% 氰戊菊酯乳油 2500 倍液，在栽植前喷洒，或浸泡木桩，或栽植后刷树干。

（五）蜂类、瘿蚊

叶蜂为植食性昆虫，虫体短粗，触角丝状。幼虫食叶为害，有许多是花卉的害虫。姬小蜂多数是寄生蜂或营拟寄生生活，少数在花卉上造成虫瘿。瘿蚊为植食性害虫，为害花卉的花朵和果实，造成腐烂或形成虫瘿。

1. 诊断实例

（1）杜鹃叶蜂

幼虫群集蚕食植物叶片，被害植株的叶片被蚕食殆尽，仅留枝干，致使寄主叶残花疏，失去观赏价值。为害杜鹃的叶蜂主要是杜鹃叶蜂（*Arge similis*）。

杜鹃叶蜂幼虫啃食叶片

（1） （2） （3）

杜鹃叶蜂（江凡摄）
（1）预蛹；（2）茧；（3）成虫

（2）玫瑰叶蜂

幼虫群集为害，嚼食叶片，重者将叶片全部食光，仅留主叶脉和叶柄，造成鲜花产量大减，严重时造成绝产。成虫产卵于玫瑰嫩茎上，造成产卵痕，致使嫩茎干枯折断。为害玫瑰的叶蜂主要是玫瑰三节叶蜂（*Arge pagana*）。

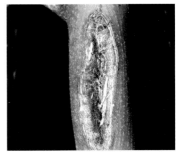

玫瑰三节叶蜂产卵痕

（3）月季叶蜂

成虫产卵于月季嫩茎上，造成嫩茎干枯折断。幼虫嚼食叶片，轻者造成齿缺，重者将叶片全部食光，仅留叶片主叶脉和叶柄。为害月季叶蜂主要是玫瑰三节叶蜂（*Arge pagana*）。

玫瑰三节叶蜂幼虫（江凡摄）

（4）刺桐姬小蜂

刺桐被害初期叶片常发生卷曲，在叶片的正、背面和叶柄等处出现畸形、肿大、坏死、虫瘿。虫瘿严重的叶片和茎干生长迟缓，严重时引起大量落叶，甚至植株死亡。为害刺桐的姬小蜂主要是刺桐姬小蜂（*Quadrastichus erythrinae*）。

刺桐姬小蜂为害状

刺桐姬小蜂虫瘿及成虫羽化孔

（1）

（2）

刺桐姬小蜂（黄建摄）
（1）雌成虫；（2）雄成虫

（5）茉莉花花蕾蛆

雌成虫把卵产在聚伞状花序正中间的幼蕾之中，部分产在孕蕾新梢顶端处。卵经几天后孵化为幼虫，初孵的幼虫群集在花蕾内蛀食花蕊、花药和花冠内侧，在蕾内产生大量胶质黏液。被害花蕾呈淡褐色干枯状或变为紫红色，花蕾逐渐枯萎，最后脱落。有些受害花蕾花冠外层仍可开放，但内层扭曲黏合。若卵产在孕蕾新梢顶端，不久顶端即呈现淡褐色湿腐状，可致使新梢枯萎。受害花蕾容易感染镰刀菌，导致快速腐烂。为害茉莉花的蛆主要是芽瘿蚊（*Contarinia* sp.）幼虫。

茉莉花芽瘿蚊幼虫为害状（花呈紫红色）　茉莉花芽瘿蚊幼虫为害状（花蕾腐烂）　烂蕾中的芽瘿蚊幼虫

烂蕾中的芽瘿蚊幼虫　　蛆蕾上的镰刀菌（霉状物）　芽瘿蚊成虫　　芽瘿蚊蛆

2. 发生规律

杜鹃叶蜂1年发生多代，世代重叠。以老熟幼虫在浅土层或落叶中结茧越冬，成虫将卵散产在叶背表皮下。

玫瑰三节叶蜂1年发生多代，世代重叠，以蛹在土中的茧内越冬，成虫在嫩绿的枝梢产卵。

刺桐姬小蜂繁殖能力强，生活周期短，1年可发生多代。

芽瘿蚊幼虫老熟后入土化蛹，5月间开始发生为害。1年可发生多代。

3. 防治措施

①清除越冬虫源：叶蜂和姬小蜂的防治要注重消灭越冬虫源。剪除残花和产卵枝集中烧毁。当幼虫下地结茧化蛹时，可结合培土消灭虫茧。防治芽瘿蚊幼虫应在花期结束时及时采摘零星花蕾集中处理，以减少越冬虫口基数。

②阻止害虫扩散：根据叶蜂和姬小蜂的初孵幼虫群集为害习性，剪除虫叶，

及时销毁；在茉莉花芽瘿蚊幼虫发生为害的盛期，应及时采除受害花蕾和紫花，集中销毁处理。

③药剂防治：叶蜂和刺桐姬小蜂发生期，可选用5％高效氯氰菊酯乳油2000~2500倍液、1.8％阿维菌素乳油2000~3000倍液、48％毒死蜱乳油1000~1500倍液喷雾。第1代发生整齐，防治效果好。

④天敌保护和利用：芽瘿蚊幼虫有许多的捕食性天敌和寄生性的天敌，这些天敌应加以保护和利用，切勿乱喷化学农药，以免杀伤有益生物。

（六）蝽类

蝽为半翅目昆虫。翅两对，前翅为半鞘翅（上半部为革质、下半部为膜质），后翅为膜质。多数蝽有发达的臭腺，其分泌物在空气中散发出浓烈的臭味。蝽种类众多，多数为植食性害虫，刺吸花卉茎、叶、果实的汁液，影响花卉的生长和品质。网蝽的显著识别特征是在其头顶、前胸背板及前翅具有网状花纹。盲蝽的特征是前翅具楔片，无单眼。植食性种类在叶背面或幼嫩枝条群集食害，排出锈渍状污物，并在受害组织产卵；除吸食花卉的叶片外，尤喜刺吸花、蕾、果实等繁殖器官。

1.诊断实例

（1）杜鹃网蝽

成虫和若虫在寄主叶片背面刺吸为害；卵多散产于叶背主脉两侧的叶肉组织中，卵盖露出叶表面，常被排泄物覆盖；叶背有许多斑斑点点的褐色粪便和产卵

杜鹃网蝽为害状（叶背）　　杜鹃网蝽为害状（叶面）　　杜鹃网蝽成虫

时留下的蝇粪状黑点，受害叶片的背面锈黄色，正面形成苍白斑点。为害杜鹃的蜷主要是杜鹃网蝽（*Stephanitis pyriodes*）。

（2）榕树盲蝽

成虫和若虫皆栖居于寄主叶片背面刺吸为害，被害处有许多斑斑点点的黑褐色排泄物，受害叶片正面形成苍白斑点。受害严重时，叶面上的斑点成片，全叶失绿，提早落叶。为害榕树的蝽主要是榕盲蝽（*Dioclerus* sp.）。

 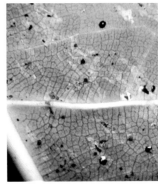 

榕树榕盲蝽受害状（叶面）　榕树榕盲蝽受害状（叶背）　榕盲蝽成虫

（3）棕榈红蝽

若虫和成虫为害棕榈科植物的叶片和嫩枝，吸食叶片和嫩枝的汁液，使得叶片出现失绿斑点，虫口多时整个叶片发黄枯萎，严重影响到植株的生长。为害棕榈的蝽主要是联斑棉红蝽（*Dysdercus poecilus*）。

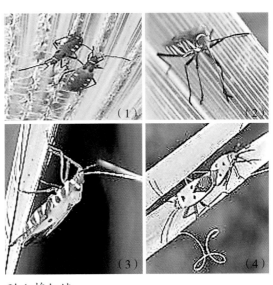

联斑棉红蝽
（1）（2）若虫；（3）（4）成虫

2. 发生规律

杜鹃网蝽1年发生4~5代，世代重叠，以成虫在树缝隙或枯枝落叶中越冬，翌年3~4月出蛰为害。

榕盲蝽行动活泼，颇善飞翔。除吸食花卉的叶片和花、蕾、果实等繁殖器官外，还兼食一些其他小型软体的昆虫，部分类群能捕食蚜虫。

联斑棉红蝽成虫爬行迅速，不善飞翔；卵产在土缝、植株根际、土表下和枯枝落叶下。

3. 防治措施

①卫生防御：冬季清除寄主附近的枯枝落叶和杂草，消灭越冬成虫。

②药剂防治：重点放在越冬成虫出蛰后和第一代若虫盛发期用药。药剂可选用 40% 毒死蜱乳油 800~100 倍液、4.5% 高效氯氰菊酯 3000 倍液、5% 啶虫脒乳油 4000~5000 倍液喷雾。

（七）甲虫类

1. 诊断实例

（1）加拿利海枣红棕象甲

成虫在加拿利海枣叶柄基部的伤痕、裂口、裂缝里产卵孵化。幼虫钻蛀叶柄基部幼嫩组织，随后钻蛀茎部柔软组织，由蛀孔排出纤维屑或褐色黏稠液，在树体内形成纵横交错的隧道，受害树干内残留破碎纤维。受害树的树冠部叶

加拿利海枣红棕象甲为害状（树冠叶片萎蔫）

加拿利海枣红棕象甲为害状（树干叶柄基部的蛀孔）

加拿利海枣红棕象甲为害状（全株枯死）

红棕象甲成虫在蛀道内

红棕象甲幼虫在蛀道内

红棕象甲产于食物残渣中的卵

红棕象甲虫茧和幼虫

红棕象甲蛹（背面）

红棕象甲蛹（腹面）

红棕象甲雌虫（左）和雄虫（右）背面

红棕象甲雌虫（左）和雄虫（右）腹面

片小，萎缩枯黄，下部叶片枯黄，树势衰弱；受害严重的植株心叶凋萎干枯，生长点腐烂，导致死亡。为害加拿利海枣的甲虫主要是红棕象甲（*Rhyncophorus ferrugineuss*）。红棕象甲是一种毁灭性害虫，为害加拿利海枣、银海枣、华棕、三角椰、霸王棕等多种棕榈植物。加拿利海枣一旦受害，常常整个种植园毁灭。

（2）棕榈椰心叶甲

成虫和幼虫在棕榈树尚未展开的心叶内，沿叶脉咀嚼叶的表皮组织，叶表留下与叶脉平行的狭长褐色条纹，这些条纹形成狭长伤疤；被害新叶伸展后，呈现大型褐色坏死条斑，形成一种特别的"灼烧"症状，有的叶片枯萎、破碎或仅余下叶脉，甚至植株枯死。其害虫为椰心叶甲（*Brontispa longissima*）。

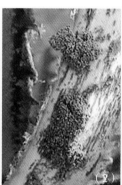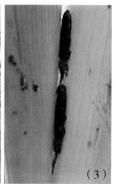

棕榈椰心叶甲及为害状
（1）受害心叶；（2）受害叶柄；（3）椰心叶甲幼虫；（4）椰心叶甲成虫

（3）棕榈椰蛀犀金龟

成虫从棕榈顶梢钻入，取食未展开的心叶。被害心叶展开后呈扇状断切或波状缺刻，受害叶片多时树冠小、凌乱。成虫有时钻入叶柄基部，使叶柄出现巨大洞孔，遇强风时叶片易折断脱落。成虫也可以穿过叶柄基部，向内钻蛀伤害花苞，被害花苞凋萎干枯。成虫

棕榈椰蛀犀金龟为害状　　椰蛀犀金龟成虫

从心叶向下为害，破坏棕榈生长点，使植株生长停滞，枯萎死亡。害虫为椰蛀犀金龟（*Oryctes rhinoceros*）。

（4）柳树柳圆叶甲

成虫和幼虫都可以为害。成虫蚕食叶片形成缺刻或穿孔，幼虫主要取食叶肉，造成网斑。害虫为柳圆叶甲（*Plagiodera versicolora*），又称柳蓝叶甲、柳树金花虫。

柳圆叶甲
（1）成虫（交尾）（江凡摄）；（2）幼虫（江凡摄）；（3）预蛹；（4）蛹；（5）卵

2. 发生规律

红棕象甲在福建1年发生3代，世代重叠。4月上旬田间发生第一代红棕象甲成虫，4~10月是主要为害期。成虫、幼虫均为害，但幼虫为害重于成虫。成虫常在晨间或傍晚出来活动，喜欢在寄主的孔穴或伤口上产卵。

椰心叶甲1年发生4~5代。成虫将卵产在取食心叶而形成的虫道内。幼虫4~5龄。16℃低温对椰心叶甲的生长发育有抑制作用，而32℃高温有致死作用。20~28℃为生长适温区。

椰蛀犀金龟，1年发生2代，世代重叠，1代历时100~260天。雌虫一生可产卵90~152粒。卵产于腐烂的椰子树残桩，幼虫老熟后即在其中化蛹或移至土中化蛹，成虫羽化后在蛹室停留5~26天，于黄昏时出土，在夜间活动。成虫飞翔能力甚强，喜择健康多汁植株为害。

柳圆叶甲在福州1年发生4~5代，世代重叠。以成虫在柳树周围的浅土层、落叶层或杂草丛中越冬。越冬成虫于翌年4月上中旬柳树新梢长至10厘米左右时开始出蛰活动，为害新梢、嫩叶。全年以5~6月虫口密度最大，为害最烈。成虫喜食新梢和嫩叶。卵多集中产在叶片背面，竖立成堆。幼虫共3龄。初孵幼虫具群集性，后分散。

3. 防治措施

①消灭越冬虫源：冬季清除落叶、杂草，开春前对寄主周围的土壤进行翻耕，可以消灭柳圆叶甲、椰蛀犀金龟、椰心叶甲等害虫的部分越冬成虫。冬季加强树体检查，砍除和烧毁有红棕象甲为害的重症树，为害较轻的树采用蛀孔灌注杀虫剂的方法杀死越冬害虫。

②物理和人工捕杀：用黑光灯诱杀椰蛀犀金龟等害虫的成虫。利用椰心叶甲幼虫的群集性，摘除被害的新梢、嫩叶；利用成虫集中产卵习性，清除卵块。利用红棕象甲成虫的假死性，在晨间或傍晚出来活动时敲击茎干，将其震落捕杀。

③化学防治：柳圆叶甲、椰蛀犀金龟、椰心叶甲等害虫的防治重点放在越冬成虫出蛰后和第一代幼虫盛期，以控制虫口数量。用触杀性或胃毒性杀虫剂喷洒树冠嫩梢即可。药剂可选40%毒死蜱乳油、20%噻嗪酮乳油、20%丁硫克百威乳油800~1000倍液喷雾。药剂防治红棕象甲，在4~10月虫害发生期选用上述药剂定期喷施叶柄和茎干。

④生物防治：利用椰甲截脉姬小蜂和椰扁甲啮小蜂防治椰心叶甲，椰扁甲啮小蜂寄生椰心叶甲的蛹和幼虫；用绿僵菌、核多角体病毒防治椰蛀犀金龟。

（八）螨类

螨类隶属蛛形纲蜱螨亚纲，植食性螨有瘿螨和叶螨。瘿螨体型极小，体长0.2毫米以下；若螨、成螨仅有两对足；瘿螨吸食寄主叶片形成黄绿斑块，而后被害部位形成毛瘿。叶螨体型小，体长多数在1毫米以下，螨体躯为圆形或卵圆形，具两对前足和两对后足，体色多数为红色、暗红色，因此也俗称为红蜘蛛。叶螨在寄主叶片背面吸食为害，导致叶片失绿而呈灰白色。

1.诊断实例

（1）鹅掌柴瘿螨

成螨、若螨在嫩梢、幼芽和叶片上为害，刺吸汁液，被害叶片正面出现稍凹陷的黄色斑块，与病斑相对的叶背害斑稍突起形成毛瘿（虫瘿）。毛瘿内的寄主组织因受刺激而产生灰白色绒毛，后绒毛逐渐变成黄褐色、红褐色至深褐色，形似毛毡状。叶片被害部位表面凹凸不平、肿胀、扭曲、增厚。为害鹅掌柴的螨主要是鹅掌柴瘿螨（*Calepitrimerus* sp.）。

鹅掌柴瘿螨为害状（叶面）

鹅掌柴瘿螨虫瘿（叶背）

鹅掌柴瘿螨

（2）柳树刺皮瘿螨

成螨、若螨在嫩梢、幼芽和叶片为害，受害叶片产生褪绿斑而后形成虫瘿。虫瘿前期呈黄绿色或鹅黄色，后期变紫红色。被害的嫩梢、幼芽和叶片皱缩，纵向扭曲，寄主生长受抑制。被害叶片上布满虫瘿，严重时叶片枯黄脱落。

柳刺皮瘿螨为害状及虫瘿　　柳刺皮瘿螨虫瘿

为害柳树的螨主要是柳刺皮瘿螨（*Aculops niphocladae*）。

（3）非洲菊叶螨

成螨、若螨群集在叶背面吸食植物汁液和叶绿体，导致叶片褪绿、枯黄，严重时叶片枯萎，植株死亡。为害非洲菊的螨主要是朱砂叶螨（*Tetranychus cinnabarinus*）。

非洲菊朱砂叶螨为害状　　　　　非洲菊叶背上的朱砂叶螨

（4）月季叶螨

成螨、若螨群集在叶背面吸食植物汁液和叶绿体，导致叶片褪绿、枯黄，严重时叶片枯萎，植株死亡。为害月季的螨主要是朱砂叶螨（*Tetranychus cinnabarinus*）。

月季朱砂叶螨为害状　　　　　　　月季朱砂叶螨为害状（叶背）

（5）鸡冠刺桐叶螨

在叶面为害，被害叶片灰白色、失绿，严重时叶片早落。为害鸡冠刺桐的螨

 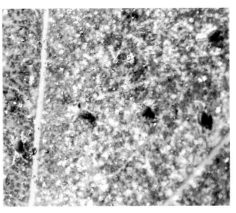

鸡冠刺桐叶螨为害状　　　　　　　鸡冠刺桐叶螨

鸡冠刺桐叶螨成螨

鸡冠刺桐叶螨若螨和卵

主要是叶螨（*Tetranychus* sp.）。

2. 发生规律

瘿螨1年发生10多代，世代重叠，以成螨或若螨在毛瘿中越冬。越冬螨3月初开始活动，迁移至寄主植物的春梢、嫩叶及花穗上为害，3~5月为害最重。瘿螨能借风、苗木、昆虫、农械等传播蔓延。

叶螨在温暖的南方1年完成20代以上，世代重叠。雌虫在枯枝落叶和杂草上存活，在温室基本没有越冬现象。叶螨可凭借风力、流水、昆虫、鸟兽和农业机具进行传播，或是随苗木的运输而扩散。

3. 防治措施

①卫生防治：花卉生长期剪除被害枝叶，集中烧毁，改善花株通风透光条件，减少虫源；花卉出棚后及时清除枯枝落叶，做好栽培场所的清洁卫生。越冬前清除螨害枝叶后，喷20%三氯杀螨醇800倍液，消灭残存虫源。

②药剂防治：螨害发生初期，用3%克螨特乳油1500~2000倍液喷施，要尽量喷施叶片背面。

（九）蜗牛、蛞蝓

蜗牛和蛞蝓主要集聚在植株茎部或花盆底部。蜗牛多取食花卉茎部或芽叶，蛞蝓主要是取食花卉幼苗、叶片和其他幼嫩器官。受害叶片上残留缺刻、孔洞，在蜗牛和蛞蝓爬过的土表及叶面会出现一条光亮痕迹。受害的花株上或花盆上往往可以看见蜗牛或蛞蝓。

1. 诊断实例

（1）吊兰灰巴蜗牛

蜗牛行动迟缓，借足部肌肉伸缩爬行并分泌黏液，爬过处会留下发亮的轨迹。用齿舌刮食吊兰的花朵、叶片、叶鞘，造成缺口或孔洞。为害吊兰的蜗牛主要是灰巴蜗牛（*Bradybaena ravida*）。

（2）兰花野蛞蝓

以齿舌刺刮叶片，造成伤口、伤痕、缺刻、孔洞，蛞蝓大发生时可将叶片吃光，仅存叶脉。为害兰花的蛞蝓主要是野蛞蝓（*Deroceras agreste*）。

2. 发生规律

蜗牛和蛞蝓属杂食性软体动物，食性杂，

灰巴蜗牛在吊兰上为害

灰巴蜗牛

兰花野蛞蝓为害状

野蛞蝓

在花圃极为常见，喜栖息在植株茂密及低洼潮湿处。花圃内或周围有水沟、水池，土壤潮湿，花株密集时易诱引其上盆为害。

3. 防治措施

①人工捕杀：在花圃内仅为零星少量发生时，可以采用人工捕杀。

②隔离预防：搞好花圃防虫的隔离设施，防止害虫迁入为害。

③药剂防治：在蜗牛和蛞蝓发生期用生石灰粉撒施地面和花盆周围，或每盆用6%四聚乙醛颗粒剂3~5克撒于植料表面，或用70%杀螺胺乙醇胺盐可湿性粉剂300倍液喷雾。